BASIC MASTER SERIES **538**

JN041308

はじめての
Wi-Fi & Bluetooth
の使い方

［著］吉岡 豊

秀和システム

本書の使い方

● 本書では、初めてWi-FiやBluetoothを使う方や、いままでWi-FiやBluetoothを使ってきた方を対象に、Wi-Fiや Bluetoothの基本的な操作方法から、Wi-FiやBluetoothを使いこなすための様々な便利技や裏技など、一連の流れを理解 しやすいように図解しています。また、スマートフォンにも完全対応しています

● Wi-FiやBluetoothの機能の中で、頻繁に使う機能はもれなく解説し、本書さえあればWi-FiやBluetoothのすべてが使い こなせるようになります。特に、速度アップが期待できる裏技など役に立つ操作は、豊富なコラムで解説していて、格段に 理解力がアップするようになっています

● スマートフォン・タブレット・パソコンに完全対応しているので、お好きなツールでWi-FiやBluetoothを活用することが できます

紙面の構成

タイトルと概要説明

このセクションで図解している内容をタイトルにして、ひと目で操作のイメージが理解できます。また、解説の概要もわかりやすくコンパクトにして掲載しています。ポイントなるキーワードも掲載し、検索がしやすくなっています。

SECTION

11

Key Word ▷ パソコンのWi-Fiへの接続

パソコンをWi-Fiに 接続する

Wi-Fiルーターの設置が完了したら、早速パソコンをWi-Fiにつなげてみましょう。Wi-Fiに接続する際には、SSIDとパスワードが必要になります。Wi-Fiルーターに表示されているSSIDとパスワードをあらかじめ確認しておきましょう。

WPSボタンを押して接続する

丁寧な手順解説テキスト

図版だけの手順説明ではわかりにくいため、図版の上に、丁寧な解説テキストを掲載し、図版とテキストが連動することで、より理解が深まるようになっています。逆引きとしても使えます。

① ネットワークアイコンをクリックする

① タスクバーの右端にあるネットワークアイコン🌐をクリックし、メニューを表示します

② [Wi-Fi]パネルを表示する

② [Wi-Fi]ボタンの右にある[>]をクリックし、[Wi-Fi]パネルを表示します。

ヒント WPSボタンとは

「WPS」は、「Wi-Fi Protected Setup」の略で、ボタンを押すだけで、Wi-Fiネットワークに接続できるようにするための規格です。多くのWi-Fiルーターには、[WPS]ボタンが用意されていて、ボタンを押すだけでSSIDやパスワードの設定をしなくてもWi-Fiに接続できます。なお、[WPS]ボタンは、BUFFALOは「AOSS」、NECは「らくらくスタートボタン」のように、メーカーによって呼び方が異なっています。設定方法が異なる場合もあるため注意が必要です。

大きい図版で見やすい

手順を進めていく上で迷わないように、できるだけ大きな図版を掲載しています。また、図版には番号を入れていますので、次の手順がひと目でわかります。

本書で学ぶための3ステップ

STEP1 Wi-Fi&Bluetoothの基礎知識が身に付く

本書は大きな図版を使用しており、ひと目で手順の流れがイメージできるようになっています

STEP2 解説の通りにやって楽しむ

本書は、知識ゼロからでも操作が覚えられるように、大きい手順番号の通りに迷わず進めて行けます

STEP3 やりたいことを見つける逆引きとして使ってみる

一通り操作手順を覚えたら、デスクのそばに置いて、やりたい操作を調べる時に活用できます。また、豊富なコラムが、レベルアップに大いに役立ちます

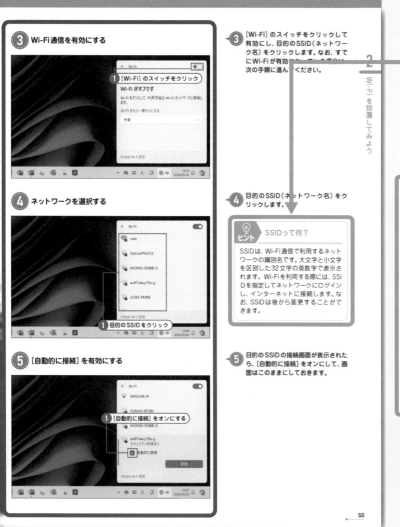

3 Wi-Fi通信を有効にする

4 ネットワークを選択する

5 [自動的に接続]を有効にする

3 [Wi-Fi]のスイッチをクリックして有効にし、目的のSSID（ネットワーク名）をクリックします。なお、すでにWi-Fiが有効になっている場合は、次の手順に進んでください。

4 目的のSSID（ネットワーク名）をクリックします。

> **ヒント** SSIDって何？
>
> SSIDは、Wi-Fi通信で利用するネットワークの識別名です。大文字と小文字を区別した32文字の英数字で表示されます。Wi-Fiを利用する際には、SSIDを指定してネットワークにログインし、インターネットに接続します。なお、SSIDは後から変更することができます。

5 目的のSSIDの接続画面が表示されたら、[自動的に接続]をオンにして、画面はこのままにしておきます。

豊富なコラムが役に立つ

手順を解説していく上で、補助的な解説や、楽しい便利技、より高度なテクニック、注意すべき事項などをコラムにしています。コラムがあることで、理解がさらに深まります。

コラムの種類は全部で3種類

コラムはシンプルに3種類にしました。目的によって分けていますので、ポイントが理解しやすくなっています。

メモ 覚えておくと便利な手順や楽しむために必要な事項などをわかりやすく解説しています。

ヒント 応用的な手順がある場合や何かをプラスすると楽しさが倍増することなどを解説しています。

チェック 操作を進める上で、気をつけておかなければならないことを中心に解説しています。

はじめに

　近年、インターネット通信をめぐる技術が目覚ましく進化しています。2024年5月、通信速度46GbpsのWi Fi 7がリリースされました。携帯電話回線の5Gも利用可能範囲を広げ、スターリンクは人口衛星からの通信で、地球上からインターネットにつながらない場所をなくしつつあります。しかし、4K動画を視聴するには10Mbps、オンラインゲームでも100Mbpsもあればじゅうぶんといわれています。それでも、なお通信速度の高速化・大容量化が求められているのは、なぜでしょうか。

　ジェネレーティブAIやスマートホームが一般化し始め、近い未来に車の完全自動運転も開始されるでしょう。また、ICTによる教育や遠隔操作での医療行為、VRやARを用いたエンタテインメントがより発展していくでしょう。そうなったとき、膨大な量の情報が行き来することになります。リアルタイム性がより重要になってくるでしょう。そういった時代の到来に向かて、インフラを整える必要があります。

　膨大な情報を使いこなせられれば、生活や社会がより安全で便利になっていきます。Wi-Fiは、インターネットへの入り口です。Wi-Fiの電波にアクセスして、そこから必要な情報やサービスを利用して、生活に彩りを与えています。Wi-Fiを自由に操ることは、インターネットを自由に操ることにもつながります。Wi-Fiが生まれて25年です。これからどんどん進化していくインターネットの世界、ワクワクしませんか？

　本書では、Wi-FiとBluetoothについての概要から接続手順まで図やイラストを用いて丁寧に解説しています。また、わかりにくいことについては、Q&A形式で丁寧に解説しています。本書がWi-Fi & Bluetooth を、そしてインターネットをより深く理解する第一歩になれば幸甚です。

2024年7月

吉岡　豊

目次

1章　そもそもWi-Fiってなに？　　　　13

2章　Wi-Fiを設置してみよう　　　35

4章　Wi-Fiの通信を快適にするテクニック　113

5章　Wi-Fiの設定とセキュリティで自己防衛　123

6章　Bluetooth（ブルートゥース）とは？　137

7章　いろんなBluetooth機器を使ってみよう　155

8章　Wi-Fi & Bluetoothのお悩み&トラブル解決！Q & A　　167

1章

そもそも Wi-Fi ってなに？

「Wi-Fi」って何？と質問されたら、どう答えますか？ パッと思い浮かぶのは「インターネットに接続するための電波」でしょうか。この回答は、正しいですが、正確ではありません。正解は、ネットワークに対応した機器同士を無線でつなぐ通信規格の名称です。Wi-Fi は、Wi-Fi ルーターとパソコンやスマホを無線でつないで、インターネットの利用を可能にしています。まずは、Wi-Fi の基本的な機能や役割などについて確認してみましょう。

🔑Key Word　Wi-Fiの概要

01 Wi-Fiって何？

Wi-Fiは、機器をネットワークに無線で接続できる通信規格です。店舗や駅などでロゴマークを見かけたり、設定したりする機会も多くなじみ深いですが、意外と知られていないことも多い規格です。まずは、Wi-Fiの概要と機能を確認しましょう。

Wi-Fiとは？

「Wi-Fi」は、ネットワークに対応した機器同士を無線で接続できる通信規格のことで、「ワイファイ」と読みます。最も一般的な使い方としては、パソコンやスマホとWi-Fiルーターを接続し、Webページや映像を閲覧したり、メッセージを送受信したりすることでしょう。それ以外にも、Wi-Fi通信に対応した機器同士を接続し、初期設定を同期したり、音楽や動画を共有したりするなどにも利用されます。

また、Wi-Fiは、「IEEE802.11」という通信規格を元に開発され、「IEEE802.11n」や「IEEE802.11ax」といった通信速度や周波数帯が異なる種類があります。

Wi-Fi

Wi-Fiって何ができる？

Wi-Fiは、ネットワークに対応した機器同士をつなぐ無線の通信規格です。主に、モデムを介してインターネットに接続されたWi-Fiルーターとパソコンやスマホをつないで、Webページを閲覧したり、メッセージを送受信したりしてインターネットを楽しむために利用されます一方でスマホとプリンターやネットワークカメラなど、Wi-Fiに対応した機器同士を接続することもでき、初期設定の同期や機器の遠隔操作、ファイルの転送といったことも可能です

●Wi-Fiルーターと接続してインターネットを楽しむ

Wi-Fi ルーター

モデム

スマートフォン

パソコン

▲Wi-Fiルーターを接続して、インターネットを楽しむことができます

●機器同士を接続して遠隔操作する

画像・動画の送受信

文書の印刷

▲ Wi-Fiでパソコンやスマホとプリンターなどの機器を接続し、ファイルを共有したり、遠隔操作したりできます

Wi-Fiの特徴を知っておこう

●通信速度が速い！

　1999年に登場したIEEE802.11bでは、通信速度は理論値で11Mbpsしかありませんでした。それから四半世紀後の2024年、Wi-Fi 6とWi-Fi 6E（IEEE802.11ax）は、9.6Gbps（理論値）と大きく進化し、オンラインゲームの操作や4K動画の視聴もスムースです。また、2024年5月にリリースされたWi-Fi7では、6Ghz帯が追加され複数の周波数帯を同時利用できるようになったことから、最大通信速度は46Gbps（理論値）と光回線にも匹敵します。

オンラインゲームも
4K動画の動画視聴も
ストレスなくスムーズに
楽しめる！

●複数の端末を接続できる

　有線LANは、Wi-Fiよりも通信速度が速く、外部からの干渉もなくて安定した通信を確保できることがメリットですが、パソコンを設置する場所はLANケーブルの届く範囲に限られます。また、使用できる機器の数もルーターに搭載されたLANポートの数に左右されます。Wi-Fiは、通信速度で有線LANに劣るものの、スマホやタブレット、パソコン、プリンターなどさまざまな複数の機器を同時に接続することができます。

Wi-Fi ルーター

モデム

●データ通信量の制限がない

　携帯電話回線では、通信できるデータの量に上限があり、その制限を超えると通信速度が落ちるしくみになっています。ケーブルテレビや光回線に接続されたWi-Fiでは、こういったデータ通信量に制限はありません。Wi-Fiに接続していればパソコンでもスマホでも、データ量を気にすることなくゲームをしたり、動画を視聴したりすることができます。なお、モバイルWi-Fiやホームルーターの場合は、データ使用量に上限が設定されている場合があります。

Wi-Fiルーター

データ通信量は無制限

ONU（光回線終端装置）

動画見放題

ゲームし放題

Wi-Fiの弱点を知っておこう

●外部からの干渉を受けやすく通信速度が安定しない

　Wi-Fiの電波のうち、5GHzは遮蔽物に弱く、壁や家具などがあると通信速度が落ちたり、通信が遮断されたりします。また、5Ghzは、航空無線やGPS衛星なども利用しているため、屋外での使用を禁じられています。2.4GHzは、遠くまで届きやすい特性がありますが、電子レンジやBluetooth機器などの電波干渉を受けやすい弱点があります。新たに認可された6Ghz帯は、チャンネルが増えて、電波干渉がないことから、高速で大容量の通信が可能ですが、遮蔽物に弱いことと6Ghzに対応している機器が少ないことがデメリットです。

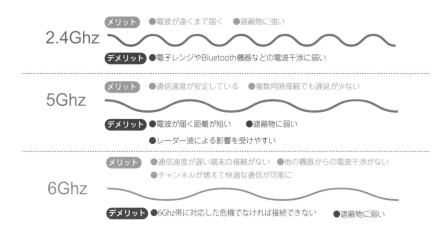

2.4Ghz

メリット　●電波が遠くまで届く　●遮蔽物に強い

デメリット　●電子レンジやBluetooth機器などの電波干渉に弱い

5Ghz

メリット　●通信速度が安定している　●複数同時接続でも遅延が少ない

デメリット　●電波が届く距離が短い　●遮蔽物に弱い

●レーダー波による影響を受けやすい

6Ghz

メリット　●通信速度が遅い端末の接続がない　●他の機器からの電波干渉がない

●チャンネルが増えて快適な通信が可能に

デメリット　●6Ghz帯に対応した危機でなければ接続できない　●遮蔽物に弱い

●通信範囲がそれほど広くない

　Wi-Fiでは、Wi-Fiルーターから離れるほど、通信が不安定になり、インターネット接続が途切れやすくなります。Wi-Fiの電波が届く距離は、屋内で50〜100m、屋外では500mが目安といわれています。ただし、これは障害物や外部干渉がない環境の直線距離です。自宅の隅々にまでWi-Fiの電波を届かせたい場合は、Wi-Fiの中継器を設置したり、メッシュWi-Fiを導入したりすると良いでしょう。

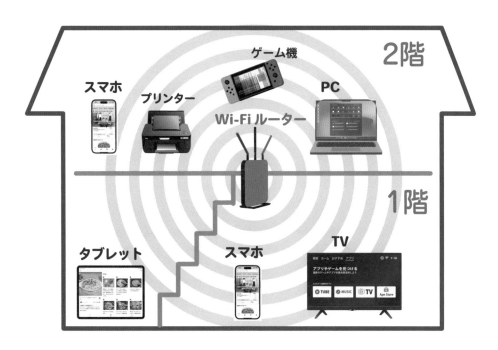

Wi-Fiにまつわる誤解を解いておこう

● Wi-Fiに接続するだけではインターネットに接続できない

　ほとんどのWi-Fiは、モデムを介してインターネットに接続されています。そのため、Wi-Fiに接続すると、自動的にインターネットに接続できるとの誤解があります。モデムに繋がっていないWi-Fiの電波に接続しても、インターネットには接続できません。Wi-Fiは、有線LANや携帯電話回線など、インターネットに接続するためのひとつの方法です。

Wi-Fi ルーター

インターネットに
つながっているのは光回線

ONU（光回線終端装置）

● Wi-Fiと回線の通信速度のバランスが大切

　前ページでWi-Fiは通信速度が速いと書きましたが、規格が古いWi-Fiルーターを使用している場合は、光回線でインターネットに接続している環境でも、通信速度が遅くなります。Wi-Fi 4（IEEE802.11n）のルーターは、最大でも通信速度が600Mbpsです。この場合は、Wi-Fi 5やWi-Fi 6といった新しい規格のルーターと交換しましょう。
　逆にWi-Fiルーターが最新でWi-Fi 6EやWi-Fi 7に対応していても、ケーブルテレビの同軸ケーブルなど、通信速度の遅いインターネット接続では、思ったほどの効果が感じられません。

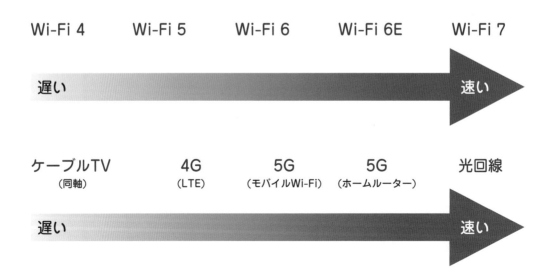

| Wi-Fi 4 | Wi-Fi 5 | Wi-Fi 6 | Wi-Fi 6E | Wi-Fi 7 |

遅い　　　　　　　　　　　　　　　　　　　　　　速い

| ケーブルTV | 4G | 5G | 5G | 光回線 |
| （同軸） | （LTE） | （モバイルWi-Fi） | （ホームルーター） | |

遅い　　　　　　　　　　　　　　　　　　　　　　速い

通信速度について知っておこう

インターネットの通信速度は、速ければ速いほど大量の情報を送受信することができます。通信速度は、「bps」という単位で表示します。「bps」は「bit per second」の頭文字をとったもので、1秒間に送信できるデータ量を表し、数値が大きいほど通信速度が速いことを意味します。また、通信速度には「上り」と「下り」があります。「上り」はデータをアップロードする速さを表し、「下り」はデータをダウンロードする速さを表します。

bps=1 秒間に送受信できるデータ量

1000Mbps=1Gbps

●回線の通信速度

速度	回線の種類	速度（理論値）	
		下り	上り
速	光回線	1〜10Gbps	
↑	ホームルーター	4.2Gbps	218Mbps
	ケーブルテレビ	300Mbps	100Mbps
遅	モバイルWi-Fi	150M〜4.9Gbps	50〜183Mbps

＊「1Gbps ＝ 1000Mbps」です

●Wi-Fiの通信速度

Wi-Fiのバージョン	規格名	周波数	最大通信速度
Wi-Fi 7	IEEE802.11be	2.4/5/6Ghz	46Gbps
Wi-Fi 6E	IEEE802.11ax	2.4/5/6Ghz	9.6Gbps
Wi-Fi 6		2.4/5Ghz	9.6Gbps
Wi-Fi 5	IEEE802.11ac	5Ghz	6.9Gbps
Wi-Fi 4	IEEE802.11 n	2.4/5Ghz	600Mbps

メモ 理論値と実測値

Wi-Fiルーターの最大通信速度は、ほとんどの場合理論値が表示されています。理論値とは、理想的な環境で通信した場合の数値のことです。そのため、実際に使用した際の通信速度とは、かなり乖離していますが、純粋のWi-Fiの機能を比較する際には、目安のひとつになります。Wi-Fiの通信速度は、速度計測サイトやアプリを利用すると簡単に計測できます。Wi-Fiのバージョンの理論値と実測値を比較してみましょう。あまりにも差がある場合には、Wi-Fiルーターの配置場所を変えて改善してみましょう。

●Fast.com

●通信速度とコンテンツの関係

　動画やオンラインゲーム、ビデオ通話をストレスなく利用する場合は、通信速度が速い光回線とWi-Fi 6以降の組み合わせが良いでしょう。しかし、「LINEでテキストのやり取りしかしない」人や「ネットはニュースを読むのが中心」という人にとっては、通信速度がそれほど速くなくても、ストレスなくインターネットを利用できます。オンラインコンテンツと通信速度の関係を正しく理解して、適切なインターネット環境構築の参考にしましょう。

操作	必要通信速度
オンラインゲーム	30〜100Mbps
4Kでの動画視聴	20〜30Mbps
リモート・オンライン会議	10〜20Mbps
HDでの動画視聴	5〜10Mbps
メール送受信・SNSの利用	1〜10Mbps
Webサイトの閲覧	1〜10Mbps

 高速通信はインフラになるかも

　近年、AI（人工知能）が本格的に普及し始め、IoTの流れも加速しています。外出先からエアコンや照明を調節したり、音声でテレビや家電を操作したりする世界が当たり前になるのかもしれません。そうなった場合、家中にある家電や照明がWi-Fiに接続されることになり、それなりに通信容量が必要になるでしょう。また、車の自動運転や工場の自動化などが本格的に始まると、インターネット回線はなくてはならないものになります。光回線や5G、Wi-Fiを中心とした高速通信は、水道や電気などと並ぶ生活を支えるインフラになるかもしれません。

 Ping値をチェックしよう

　通信の良し悪しを判断する際、速度の他に端末とインターネットサーバの間でデータを送受信する際の応答速度を示す「ping値」も重要です。ping値が小さいほど応答速度が速いことを示し、ping値が0〜35msであれば快適、50ms以上ならば遅いと感じやすくなります。なお、Ping値は、専用Webサイトや専用アプリを利用してかんたんに計測できます。

▼目的別のPing値

目的	快適な Ping値	利用に支障の ない範囲
Webサイトの 閲覧	0〜50ms	100ms前後
メールやSNSの 利用	0〜50ms	100ms前後
動画視聴	0〜30ms	31〜50ms
オンライン会議	0〜30ms	16〜50ms
オンラインゲーム	0〜10ms	11〜20ms

▼ USEN GATE 02のインターネット回線スピードテストのページ

URL：https://speedtest.gate02.ne.jp/

02 Wi-Fiとインターネットの関係を知っておこう

Wi-Fiは、直接インターネットに接続されていません、光回線や携帯電話回線などでインターネットに接続し、それにWi-Fiルーターを接続してWi-Fi環境を構築します。そのため、実際の通信速度はインターネットに接続する方法に左右されます。

インターネットへの接続は必須

　インターネットを利用するには、インターネットサービスプロバイダー（以降ISPと表記）と回線事業者と契約する必要があります。ISPは、回線事業者が提供するインターネット回線と機器を通してインターネットに接続するサービスを提供しています。回線事業者は、光回線やケーブルTVの回線などの設備を提供する企業です。自宅への光回線の引き込みなどの工事も回線事業者が行います。多くの場合、ISPと回線事業者の契約がセットになったプランが用意されていて、簡単な手続きでインターネットの利用を始められるように配慮されています。

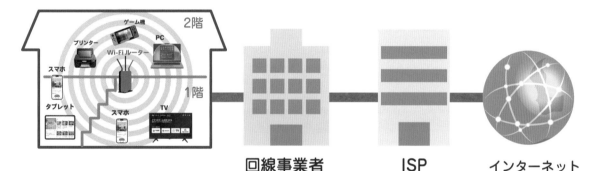

回線事業者（光回線の敷設・提供）　ISP（インターネットへの接続他）　インターネット

主なISP会社	主な回線事業者
・So-net	・NTT東日本／NTT西日本（フレッツ光）
・BIGLOBE	・KDDI（auひかり）
・@nifty	・ソニーネットワークコミュニケーションズ（NURO光）
・OCN	・オプテージ（eo光）
・楽天ブロードバンド	・J:COM
・Yahoo!BB	・ソフトバンク
・au one net	・NTTドコモ
・ODN	・au
・J:COM	

Wi-Fiと回線の組み合わせ

Wi-Fiは、直接インターネットに接続されていません。光回線やケーブルテレビの回線、携帯電話回線でインターネットに接続し、そのモデムやONUにWi-Fiルーターをつなげて、Wi-Fiの電波を発信しています。そのため、Wi-Fiを使ってインターネットに利用する際の速度は、インターネットに接続している回線の速度に左右されます。Wi-Fiと回線の組み合わせによる特性を確認して、今後の参考にしてみましょう。

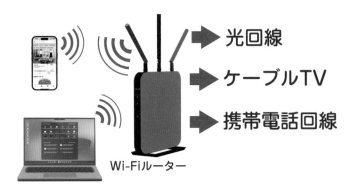

Wi-Fiルーター

速度	回線の種類	接続方法	速度（理論値）		データ使用量の上限
			下り	上り	
速	光回線	光ケーブル	1〜10Gbps		なし
↑	ホームルーター	携帯電話回線	4.2Gbps	218Mbps	なし
	ケーブルテレビ	同軸ケーブル	300Mbps	100Mbps	なし
遅	モバイルWi-Fi	携帯電話回線	150M〜4.9Gbps	50〜183Mbps	上限が設定されているものもある

光回線＋Wi-Fi

2024年5月現在、インターネットに最も安定的に、高速で接続できる方法は、光回線による接続です。光回線を導入すると、理論値で下り／上り10Gbpsといった高速での通信が可能となります。光回線が建物に引き込まれるため、他の電波による干渉もなく通信が安定しています。また、携帯電話回線のような、データ通信量の上限もなく、長時間動画やビデオ通話を利用しても、速度が制限されることもありません。Wi-Fi環境を構築する際には、光回線が最も適した組み合わせとなります。

Wi-Fi ルーター

ONU（光回線終端装置）

▲高速で安定したインターネット環境を構築できます

回線の種類	接続方法	速度（理論値）		データ使用量の上限
		下り	上り	
光回線	光ケーブル	1～10Gbps		なし

外出先に設置された Wi-Fi のしくみ

　カフェや駅、ホテルといった場所には、Wi-Fiが設置されていて、パスワードを設定すれば無償でインターネットに接続することができます。このようなWi-Fiも自宅と同様に光回線でインターネットに接続し、Wi-Fiルーターを設置してその電波を公開しています。公共のWi-Fiを利用すると、高速で安定したインターネット環境を利用することができ、スマホのデータ使用量を節約することもできます。

携帯電話回線と Wi-Fi の関係

●携帯電話回線は直接インターネットに つながっている

　外出先では、スマホをWi-Fiに接続しなくても、インターネットを利用できますよね。これは、携帯電話回線自身がすでにインターネットに接続されているからです。また、携帯電話回線には5Gと4Gがあり、通信速度が大きく異なります。5Gの通信速度は、下り20Gbpsと光回線に匹敵するほどの容量を誇ります。そのため、携帯電話回線とWi-Fiを組み合わせたホームルーターやモバイルWi-Fiといったサービスも展開されています。

　しかし、携帯電話回線は電話用の回線のため、一度に多くのデータを送受信すると混乱が生じることから利用できるデータ通信量に上限を設けています。携帯電話回線のデータ通信量の上限を超えてしまうと、データ通信速度に制限がかけられ、ゲームや動画の視聴が難しくなります。データ通信速度の制限を解除するには、追加でデータ通信量を購入する必要があります。

回線の種類		速度（理論値）	
		下り	上り
5G	ミリ波	20Gbps	10Gbps
	Sub6	4.2Gbps	1Gbps
4G		最大1Gbps	100Mbps

▲携帯電話回線は直接インターネットに接続されています

●ホームルーター

「ホームルーター」は、携帯電話回線を介してインターネットに接続し、Wi-Fiでパソコンやスマホ、タブレットなどの端末と接続できる機器です。光回線やケーブルテレビのように回線を引き込む工事が不要で、ホームルーターを電源につなげるだけでかんたんにWi-Fi環境を作ることができます。通信の安定性、速度は光回線の方が有利ですが、気軽にWi-Fi環境を構築できることと、光回線を設置できない場所でも利用できることがメリットです。ホームルーターの場合、多くのプランはデータ使用量が無制限ですが、上限が設定されているプランもあるため注意が必要です。

携帯電話回線で受信した
データをWi-Fiで送信

ホームルーターは携帯電話回線でインターネットに接続する▶
据え置き型のWi-Fiルーターです

回線の種類	接続方法	速度（理論値）		データ使用量の上限
		下り	上り	
ホームルーター	携帯電話回線	4.2Gbps	218Mbps	プランによる

●モバイルWi-Fi

「モバイルWi-Fi」は、手のひらサイズのWi-Fiルーターで、携帯電話回線でインターネットに接続しています。外出先でもWi-Fi環境下で高速でインターネットを利用することができます。ただし、プランによっては、データ通信量に上限が設けられています。携帯電話の電波が不安定な場所では、通信速度が落ちたり、接続が途切れたりすることがあります。また、バッテリーが切れると通信できなくなるというリスクもあります。

携帯電話回線で受信した
データをWi-Fiで送信

▲モバイルWi-Fiは携帯電話回線でインターネットに接続するポータブルWi-Fiルーターです

回線の種類	接続方法	速度（理論値）		データ使用量の上限
		下り	上り	
モバイルWi-Fi	携帯電話回線	150M～4.9Gbps	50～183Mbps	プランによる

●テザリング

「テザリング」は、スマホの携帯電話回線を利用してインターネットに接続し、スマホからWi-Fiの電波を飛ばして他の機器を接続することです。外出先でパソコンや他の機器をインターネットに接続したいときに便利ですが、テザリングのオプションを契約する必要があったり、データ利用量に上限が設定されていたりするため、その利用には注意が必要です。

携帯電話回線で受信した
データをWi-Fiで送信

▶ テザリングを利用するとスマホを Wi-Fi ルーターにして
パソコンなどをインターネットに接続できます

ケーブルテレビ＋Wi-Fi

　ケーブルテレビを利用したインターネットには、放送局から自宅周辺の変換器までは光回線、変換器から自宅まではテレビ放送用の同軸ケーブルとインターネット用の光回線の2種類を組み合わせて設置されています。ただし、光回線を敷設できないエリアやマンションなどでは、同軸ケーブルのみでのインターネットサービスとなるため、通信速度が最大でも下り320Mbps、上り10Mbpsと遅くなるデメリットがあります。なお、光回線の敷設が可能な場合は、光回線でのインターネットサービスが可能です。

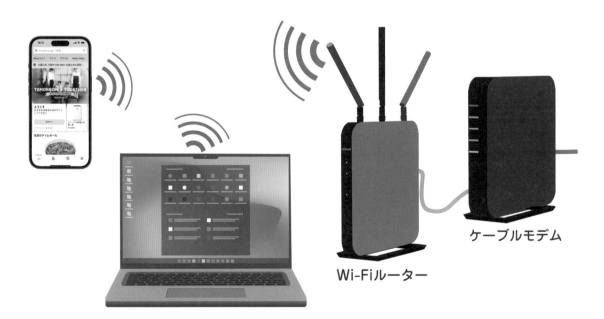

ケーブルモデム

Wi-Fiルーター

回線の種類	接続方法	速度（理論値）		データ使用量の上限
		下り	上り	
ケーブルテレビ	同軸ケーブル	300Mbps	100Mbps	なし

03 Wi-Fiには種類があるって本当？

Wi-Fiは、1999年に正式にリリースされ、以来時代とともに進化してきました。総務省は、2024年5月に次世代の規格「Wi-Fi 7（IEEE802.11be）」を認可しました。Wi-Fiの歴史と現状、これからの進化を確認しておきましょう。

Wi-Fiの電波には種類がある

　Wi-Fiの歴史は、1999年、Wi-Fi普及に関する業界団体の「Wi-Fi alliance」が「IEEE802.11」を無線LANの国際標準規格とし、その技術を「Wi-Fi」としたことから始まりました。その際にWi-Fiとなった最初の規格として「IEEE802.11b」と「IEEE802.11a」が発表されています。IEEE802.11bは2.4Ghz帯の周波数で通信速度は最高でも11Mbps、IEEE802.11aは5Ghz帯の周波数で通信速度は54Mbpsしかありませんでした。

　2003年に2.4Ghz帯でも54Mbpsまでスピードを高めたIEEE802.11gが、2007年には2.4Ghzと5Ghzの両方を利用することで最高通信速度600Mbpsを実現したIEEE802.11nが登場しました。2024年5月現在、最新バージョンは最高通信速度36GbpsのWi-Fi 7（IEEE80.211be）で、最も広く利用されているのは最高通信速度9.6GbpsのWi-Fi 6（IEEE802.11ax）です。

リリース年	規格名	周波数	最大通信速度
1997年	IEEE802.11	2.4Ghz	2Mbps
1999年	IEEE802.11b	2.4Ghz	11Mbps
1999年	IEEE802.11a	5Ghz	54Mbps
2003年	IEEE802.11g	2.4Ghz	54Mbps
2009年	IEEE802.11 n	2.4/5Ghz	600Mbps
2013年	IEEE802.11ac	5Ghz	6.9Gbps
2019年	IEEE802.11ax	2.4/5Ghz	9.6Gbps
2020年		2.4/5/6Ghz	9.6Gbps
2024年	IEEE802.11be	2.4/5/6Ghz	46Gbps

ヒント　Wi-Fi 4のルーターは買い替えよう

Wi-Fi 4（IEEE802.11n）は、最大通信速度が600MbpsとWi-Fi 5（6.9Gbps）やWi-Fi 6（9.6Gbps）に比べるとかなり遅い規格です。光回線を利用している場合は、せっかく10Gbpsと超高速インターネットを利用できるのに、Wi-Fi 4のルーターではその恩恵にあずかれません。これからWi-Fiルーターを買い替える場合は、価格がこなれてきたWi-Fi 6またはWi-Fi 6Eのルーターをお勧めします。

Wi-Fi 5 とか Wi-Fi 6E って何？

　2018年、Wi-Fi allianceはWi-Fiのバージョンをわかりやすく表示するために、Wi-Fiへのナンバリングを導入し、IEEE801.11nを「Wi-Fi 4」とし、2013年に発表されたIEEE802.11acを「Wi-Fi 5」、2019年に発表されたIEEE802.11axを「Wi-Fi 6」、2021年には使用周波数帯を拡張したIEEE802.11acを「Wi-Fi 6E」としてリリースしています。そして、2024年5月、最大通信速度が46Gbpsと超高速のIEEE802.11beを「Wi-Fi 7」としてリリースしました。

Wi-Fiのバージョン	規格名	周波数	最大通信速度
Wi-Fi 4	IEEE802.11 n	2.4/5Ghz	600Mbps
Wi-Fi 5	IEEE802.11ac	5Ghz	6.9Gbps
Wi-Fi 6	IEEE802.11ax	2.4/5Ghz	9.6Gbps
Wi-Fi 6E		2.4/5/6Ghz	9.6Gbps
Wi-Fi 7	IEEE802.11be	2.4/5/6Ghz	46Gbps

Wi-Fi 6 と Wi-Fi 6E、Wi-Fi 7 はどう違うの？

●6Ghz帯が追加されてどうなったの？

　Wi-Fiは、2024年5月現在、Wi-Fi 7までリリースされています。Wi-Fi 6は、従来のWi-Fiと同様に2.4Ghz帯と5Ghz帯の周波数を利用しています。しかし、Wi-Fi 6EとWi-Fi 7では、従来の周波数に加えて6Ghz帯が追加されています。6Ghz帯は、大容量の通信が可能である上に、電子レンジやレーダー波とは異なる周波数のため他の電波に干渉されることがありません。そのため、高速でスムーズな通信を可能にしています。Wi-Fi 7では3つの周波数を同時に利用して送受信できるようになり、一気に通信速度が上がりました。

　ただし、6Ghzは、壁などの遮蔽物に弱く、電波の強度が衰えやすいというデメリットがあります。また、Wi-Fi 6EやWi-Fi 7のメリットを享受するには、端末も6Ghz帯に対応している必要があります。スマホでは、iPhone 15 ProやPixel 7/7 Pro/8/8 Pro、Galaxy S23などまだまだハイスペックのものに限られています。通信や機器の進化を見ながら、適切なタイミングでWi-Fi 7にアップグレードしても間に合うでしょう。

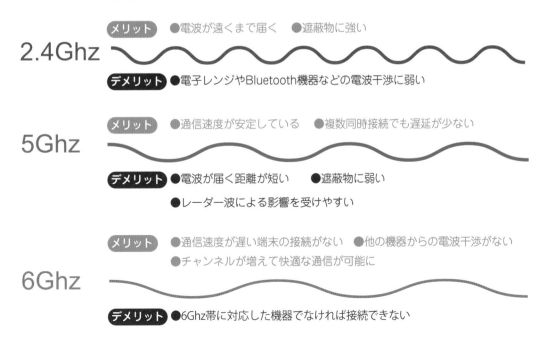

2.4Ghz
メリット　●電波が遠くまで届く　●遮蔽物に強い
デメリット　●電子レンジやBluetooth機器などの電波干渉に弱い

5Ghz
メリット　●通信速度が安定している　●複数同時接続でも遅延が少ない
デメリット　●電波が届く距離が短い　●遮蔽物に弱い
●レーダー波による影響を受けやすい

6Ghz
メリット　●通信速度が遅い端末の接続がない　●他の機器からの電波干渉がない
●チャンネルが増えて快適な通信が可能に
デメリット　●6Ghz帯に対応した機器でなければ接続できない

04 有線LANと何が違うの？

パソコンをインターネットに接続する方法には、Wi-Fiの他に有線LANがあります。有線LANは、文字通りルーターとパソコンをLANケーブルで接続します。Wi-Fiと有線LANは、接続方法としてそれぞれにメリット・デメリットがあります。

有線LANのメリット・デメリット

「有線LAN」は、モデムやONUを介してインターネットに接続されているルーターとパソコンをLANケーブルでつなげる接続方法です。ルーターとパソコンがLANケーブルで物理的に接続されているため、電波による干渉がなく、安定した高速通信が可能です。Wi-Fi 6EやWi-Fi 7の出現で有線LANとの速度差はかなり縮まりましたが、それでも安定的な高速通信には有線LANに分があります。

しかし、有線であるため、パソコンの使用場所はルーターからのケーブルの長さに大きく左右されます。また、有線ではスマホやタブレットを接続できないことや、パソコンの接続台数はルーターのLANケーブルポートの数に左右されることもデメリットのひとつといえます。多くのWi-FiルーターにもLANケーブル用のポートが搭載されています。安定した通信が必要な仕事用のパソコンは有線LANで、スマホやタブレット、ノートパソコンなどはWi-Fiで接続するなど、使い分けると良いでしょう。

Wi-Fiルーター

ONU（光回線終端装置）

LANケーブル

SECTION

🔑 Key Word > 5G と Wi-Fi の役割

05 5GやStarlinkがあれば Wi-Fiはいらない？

携帯電話回線の規格「5G」は、最大速度20Gbpsと光回線並みの高速通信が可能な夢の通信手段として期待されています。しかし、5Gが普及するにつれて、Wi-Fiは快適に通信する手段としてより重要視されるでしょう。その理由を確認してみましょう。

5Gってどういうこと？

「5G」とは、「第5世代移動通信システム」のことで、「高速・大容量」、「多数同時接続」、「低遅延」を実現できる携帯電話の回線として期待されています。理論値で下り最大20Gbps、上り最大10Gbpsと光回線に匹敵する高速通信が可能とされ、さまざまな分野で活用が見込まれています。NTTドコモやSoftbank、auなどの通信キャリアが大きく宣伝し、2020年3月に一般の利用が開始されました。それから4年以上経過して5Gの人口カバー率は90％を超えていますが、通信キャリアが描いていた未来は実現していません。これは4Gの周波数を5Gに転用したり、共用したりしているものを含んでいるため、5G対応のインフラはまだまだ整備中です。

●auの5Gのエリアマップ

▲赤い部分がSub6のサービスエリア、オレンジの部分が4Gの規格を5Gに利用、黄色い部分が4G/LTEサービスのエリア

●5Gの2種類の電波

5Gには、通信速度が下り20Gbpsと超高速だけれども障害物に弱く遠くまで飛ばない「ミリ波」と、通信速度は下り4.2Gbpsとミリ波に劣るけれども、障害物に強く遠くまで届く「Sub6」の2つがあります。2024年5月現在、スマホに接続できる5Gの電波はほとんどSub6で、使用感も4Gとほとんど変わらないというのが正直な感想でしょう。2024年5月現在、各キャリアが急ピッチでアンテナの設置を進めており、今後、ミリ波のアンテナが増えていけば、キャリアが描いた未来図の実現も夢ではありません。

回線	最大通信速度（下り）	最大通信速度（上り）
4G	1Gbps	100Mbps
ミリ波	20Gbps	10Gbps
Sub6	4.2Gbps	218Mbps

5GがあればWi-Fiはいらなくなる？

5Gを利用してインターネットに接続するには、通信キャリアと契約して電話番号を取得する必要があります。スマホやタブレットは対象端末となりますが、ノートパソコンを5Gで接続して利用するのは現実的ではありません。この場合は、モバイルWi-Fiやホームルーターで5GとWi-Fiを組み合わせて活用するのがよいでしょう。また、5Gは、場所、時間帯や外部の電波干渉などによって、通信速度が不安定になります。5Gは、外部干渉に強く安定した通信が可能な光回線と快適な通信環境として互いに補完し合っていくことになるでしょう。

●ホームルーター

携帯電話回線で受信した
データをWi-Fiで送信

●モバイルWi-Fi

携帯電話回線で受信した
データをWi-Fiで送信

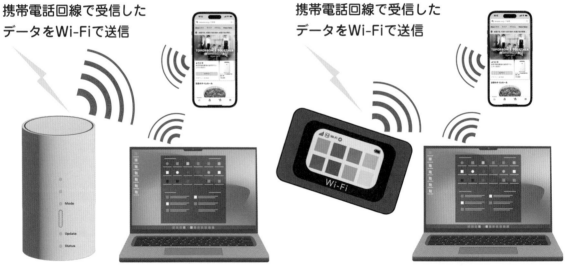

Starlinkって何？

「Starlink」は、アメリカのスペースX社が展開している衛星インターネットアクセスサービスです。高度550kmの地球低軌道上にある6000機（2024年現在）もの通信衛星を介してインターネットに接続するサービスを提供しています。上空に障害物がない場所に専用アンテナを設置するだけで、どこからでもインターネットに接続できるのが大きなメリットです。通信速度は、下り150Mbps、上り25MbpsとモバイルWi-Fiより速く、光回線より遅いイメージです。離島や山間部など、インターネットのインフラがない場所でも簡単にインターネットを利用できるようになることや、災害にも強いことから注目を集めています。

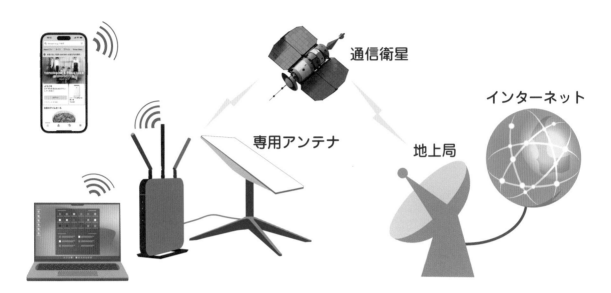

Starlink に Wi-Fi は必須

Starlinkでは、専用アンテナで通信衛星からの電波を受信し、パソコンやスマホをWi-Fiルーターにつないでインターネットに接続します。パソコンやスマホが直接通信衛星の電波を受信するのではありません。StarlinkのキットにもWi-Fiルーターが同梱されています。

● Starlinkのホームページ

🔑Key Word ▷ Wi-Fi 導入に必要なもの

06 Wi-Fi導入に必要なモノ

白宅にWi-Fiを導入して、スマホやパソコンを無線でインターネットに接続するには、まず、インターネットに接続できる状態にあることが前提です。モデムやONUにWi-Fiルーターを接続し、ISPの情報を登録するとWi-Fiが接続可能な状態になります。

インターネットプロバイダーへの加入は必須

　自宅にWi-Fiを導入する場合、インターネットが利用できる状態かどうかを確認しましょう。インターネットに接続できる環境でない場合は、インターネットサービスプロバイダー（以降ISPと表記）と契約しましょう。インターネットへの接続方法は、光回線やケーブルTV、携帯電話回線などがあり、それぞれにメリットとデメリットがあります。ISPを検討する際には、どの方法でインターネットに接続するのか確認して選びましょう。

回線の種類	代表的なISP	メリット	デメリット
光回線	ドコモ光	高速で安定した通信が可能	光回線の引き込み工事が必要 光回線を導入できないエリアや建物がある
	ソフトバンク光		
	NURO 光		
ケーブルTV	J:COM	豊富なテレビのコンテンツを利用できる	同軸ケーブルの場合は通信速度が遅い
ホームルーター	NTTドコモ	工事が不要で購入と同時に利用開始できる	遮蔽物や電波干渉で通信が不安定になることがある
	ソフトバンク		
	au		
モバイルWi-Fi	NTTドコモ	工事が不要で購入と同時に利用開始できる	遮蔽物や電波干渉で通信が不安定になることがある データ通信量に上限が設定されているプランがある
	ソフトバンク		
	au		

💡ヒント　インターネットサービスプロバイダーとは

「インターネットサービスプロバイダー（以降ISPと表記）」は、個人や企業にインターネットに接続するためのサービスを提供する企業です。ユーザーはISPに加入すると、ISPが運営するネットワークに接続することができ、インターネットにアクセスできるようになります。なお、IPSでは、回線事業者が提供しているインターネット回線を利用してサービスを提供しています。多くの場合、IPSと契約する際には、インターネット回線の契約もセットになったプランが用意されています。

Wi-Fi導入にはWi-Fiルーターが必要

「Wi-Fiルーター」とは、複数の端末をWi-Fiの電波を介してインターネットに接続する機器のことです。Wi-Fiルーターでは、電波を利用して接続するため、電波の届く範囲ならどこからでもインターネットにアクセスできます。Wi-Fiルーターは、機種ごとに対応しているWi-Fiの規格によって通信速度が異なります。購入する際には、対応規格を確認し、通信速度をチェックしましょう。なお、Wi-Fiルーターは、最新機種であっても古い世代の規格の端末とも通信できます。

▲Wi-Fiルーター：BUFFALO WXR18000BE10P

ホームルーターを使う手もある

「ホームルーター」は、携帯電話回線でインターネットに接続するWi-Fiルーターです。携帯電話キャリアがIPSとしてサービスを提供しているため、別途IPSと契約を結ぶ必要がありません。ホームルーターをコンセントに接続し、Wi-Fiへのアクセスを設定するだけで使い始めることができます。通信速度は光回線には劣りますが、5Gの電波で接続でき、100〜170Mbps前後（下り/実測値）の高速通信が可能です。

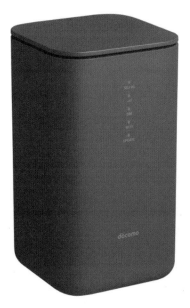

▲ホームルーター：NTTドコモ Home 5G HR02

Wi-Fiを導入する際の注意点

　Wi-Fiは、今や家庭でなくてはならないインフラになったといっても過言ではありません。スマホ、パソコン、タブレット、プリンターなど、各自が好きな端末を使って、自宅の好きな場所からインターネットを利用することができます。しかし、それほど重要性が増しているからこそリスクが潜んでいます。次のような点について、注意が必要です。

●SSIDとパスワードは家族だけの秘密にする

　友達や来客にも気軽にWi-Fiを使ってもらいたい、という気持ちはわかります。しかし、自宅のWi-FiのSSIDとパスワードは、誰にも教えないようにしましょう。SSIDやパスワードは、それを知っているだけでネットワークへの侵入が可能になります。現在の多くのWi-Fiルーターでは、来客向けのゲストネットワークを作成できるので、これを活用してセキュリティを高めましょう。

SSIDとパスワードは
重要な個人情報です。
他人には絶対に
教えないようにしましょう

●古い機器は買い替えよう

　10年以上前のWi-Fiルーターをそのまま使うのは、控えた方がいいかもしれません。2024年から10年前だと、Wi-Fi 5のWi-Fiルーターが発売されたばかりです。Wi-Fi 4以前のWi-Fiルーターは、通信速度が遅いうえ、セキュリティが脆弱です。Wi-FiルーターやWi-Fi子機を買い替えるときは、最新機種の必要はありませんが、Wi-Fi 6対応のものを購入しましょう。また、ONUやWi-Fiルーターを接続するLANケーブルもカテゴリ5eなら、通信速度が遅くなります。LANケーブルは、6A以上の物を選びましょう。

Wi-Fiルーター　　　　　　　ONU（光回線終端装置）

▲Wi-Fi機器は、最新モデルで揃える必要はありませんが、古すぎる機器は買い替えをお勧めします

2章

Wi-Fi を設置してみよう

Wi-Fi ルーターは、光回線の ONU やケーブルテレビのモデムなどに LAN ケーブルで接続し、インターネットサービスプロバイダーの情報を登録するだけでかんたんに設定できます。Wi-Fi ルーターの設置が完了したら、早速パソコンやスマホを Wi-Fi に接続してみましょう。端末を Wi-Fi に接続すれば、動画もオンラインゲームもやり放題です。インターネットを存分に楽しみましょう。

Key Word インターネット回線の基本

07 インターネット回線の 契約を確認しよう

快適な高速Wi-Fi環境を構築するには、まず現在のインターネット回線の契約を確認しましょう。プロトコルがIPv4の場合は通信が不安定になりやすいため、IPv6対応の契約に切り替えるとよいでしょう。

インターネットプロトコルって何？

「インターネットプロトコル」は、インターネット上で端末同士が正しく認識し、互いに通信し合う際に利用する通信規格のことです。インターネットに接続するすべての端末とドメインには、IPアドレスが割り当てられ、それを指定することでデータを適切に送受信できます。現在利用されているインターネットプロトコルには、「IPv4」と「IPv6」があり、光回線やケーブルTVなどのインターネット回線は、いずれかのプロトコルに対応しています。また、Wi-Fiルーターは、インターネット回線で対応しているプロトコルのものを用意する必要があります。

●IPv4とは

「IPv4」は、インターネットが普及し始めた1980年代に策定された古いインターネットプロトコルで、2進法の32ケタで端末のアドレスを指定します。しかし、インターネットにアクセスする端末の数が増えすぎて、IPv4で生成できるアドレスが枯渇しつつあります。また、IPv4の接続方式PPPoEでは、インターネットへの接続は回線事業者やプロバイダに設置されているネットワーク終端装置を介して行われますが、その通過時に通信が混雑しやすく速度が落ちてしまいます。

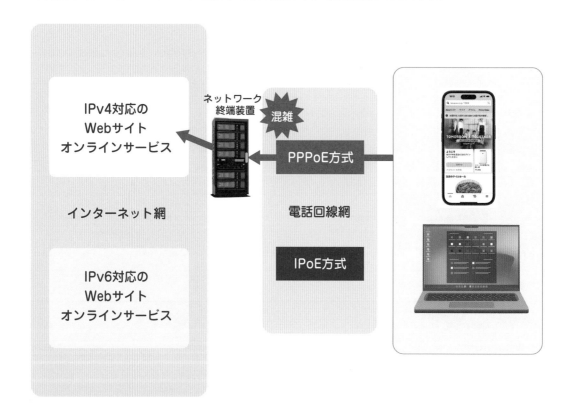

● IPv6とは

「IPv6」は、IPv4のIPアドレス枯渇解消を目的に策定された、機器の識別、通信の方法を定めた規格です。IPv6では、IPアドレスを128ビットで表すことでIPアドレスの枯渇を解消しています。また、IPv6の通信ルール「IPoE方式」では、広い帯域幅を利用でき、ネットワーク終端装置を経由せずに高速で快適な通信が可能です。ただし、IPv6は、インターネット回線とWi-Fiルーターの双方がIPv6に対応していなければ利用できません。また、IPv6に対応していないWebサイトやオンラインサービスは利用できないというデメリットもあります。例えば、2024年5月現在SNSの「X」はIPv6に対応していません。

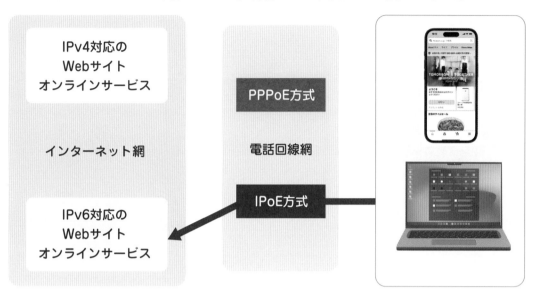

● IPv4 over IPv6

IPv6は、IPアドレスの枯渇を解消し、通信速度の低下も解決した次世代のプロトコルですが、WebサイトやオンラインサービスがIPv6に対応していなければ利用できないデメリットがあります。そこで、IPv6を進化させたのが「IPv4 over IPv6」です。IPv4 over IPv6では、IPv6のIPoE方式での接続でIPv4にも通信可能になり、IPv4方式のWebサイトやオンラインサービスを利用することができます。光回線の各事業者では、「IPoE対応プラン」や「IPv6対応プラン」という名前で「IPv4 over IPv6」対応のプランを提供しています。

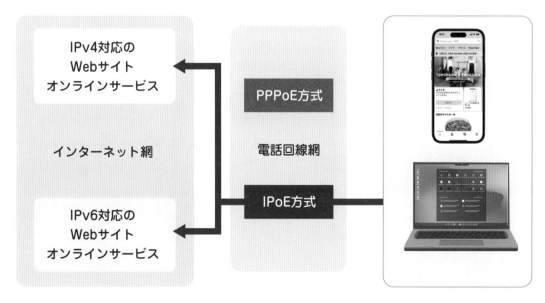

Wi-Fiルーターのプロトコルは回線に合わせる

　インターネット回線のプロトコルがIPv6対応の場合は、Wi-FiルーターもIPv6対応やIPv4 over IPv6対応の機種を選びましょう。IPv6対応の回線ではIPoE方式で接続されるため、IPv4対応のWi-Fiルーターは利用できません。なお、多くの場合、IPv6対応のプランでは、IPv6対応のWi-Fiルーターがレンタルされています。IPv6対応プランに切り替える際には、Wi-Fiルーターのレンタルも検討してみましょう。

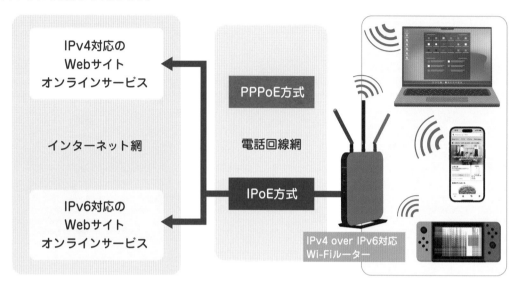

容量の大きなプランの方が快適に通信できる

　多くの光回線には、通信速度が1ギガのプランと10ギガのプランが用意されています。10ギガのプランでは、毎日のオンラインミーティングや高画質でのオンラインゲーム、4Kでの映画鑑賞などにも対応できます。しかし、10ギガのプランを契約していても、Wi-Fiルーターがそれに対応できなければ、高速通信のメリットを受けることができません。10ギガプランなら高速通信が可能なWi-Fi6やWi-Fi 6EのWi-Fiルーター、1ギガプランならWi-Fi 5のWi-Fiルーターというように、適切なWi-Fiルーターを導入しましょう

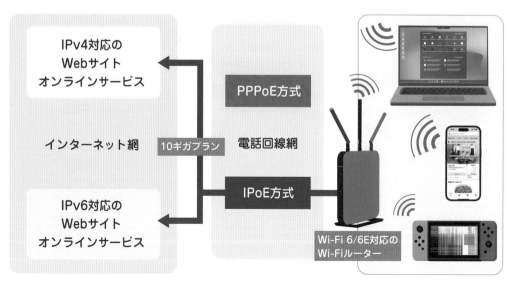

08 Wi-Fiルーターを選ぼう

快適なWi-Fi生活を送るには、使用環境に合ったWi-Fiルーターを導入することが重要です。最新の高級機種を導入しても、自宅の広さや接続する端末の規格があっていなければ、最新の高速通信を発揮できません。

Wi-Fiルーターの選び方

　Wi-Fiルーターを選ぶ際のポイントは、「Wi-Fi規格」と「間取り」、「接続可能端末台数」、「機能」の4つです。これらの条件にマッチしたWi-Fiルーターは、その能力を発揮して、適切なWi-Fi環境を提供してくれます。まずは、Wi-Fiルーターの選択に必要な条件を確認しましょう。

自宅の広さは？電波が隅々まで届く機種にしよう

接続台数制限を超えると通信速度が遅くなるなどの不具合が出る

スマホやパソコンのWi-Fi規格は？適切な規格で能力を発揮！

IPv6 IPoE対応？Wi-Fi EasyMesh対応？機能も確認して決めよう！

Wi-Fiの規格で選ぶ

　パソコンやスマホ、タブレットなど、Wi-Fiに接続できる機器は、それぞれ対応しているWi-Fiの規格が決められています。例えば、iPhone 13はWi-Fi 6（IEEE802.11ax）、Pixel 8 ProはWi-Fi 6E（IEEE802.11ax）です。スマホやパソコンが古い機種でも最新Wi-Fiルーターに接続できますが、最新機種ならではの高速通信の恩恵にはあずかれません。例えば、Wi-Fi 6E対応のWi-FiルーターとWi-Fi 4対応のパソコンを接続すると、パソコンはWi-Fi 4の通信速度でしか通信できません。Wi-Fiに接続する端末に設定されたWi-Fiの規格を確認し（P.41参照）、Wi-Fiルーターを選択する際の参考にしましょう。また、Wi-Fi 5やWi-Fi 6EといったWi-Fi規格の詳細についても、あらかじめ確認しておきましょう。

Wi-FiルーターがWi-Fi 6対応でもパソコンが未対応ならWi-Fi 6の高速通信は使えない

● Wi-Fi 5

　Wi-Fi 5の通信規格は「IEEE802.11ac」で、2013年に策定されました。周波数は5Ghzで、最大通信速度は6.9Gbps（理論値）、実測値では800Mbps前後となっています。また、MU-MIMOに対応し、複数の端末に異なるデータを同時に送信することで、通信の高速化を可能にしています。なお、周波数5Ghzは、他の機器と重複しないため電波干渉に強いですが、壁や床などの遮蔽物に弱く、遠くまで届きにくい性質もあります。

Wi-Fi規格	IEEE規格	周波数	策定年	最大通信速度（理論値）	実測値
Wi-Fi 5	IEEE802.11ac	5Ghz	2013年	6.9Gbps	800Mbps前後

● Wi-Fi 6

　Wi-Fi 6の通信規格は「IEEE802.11ax」で、2019年に策定されました。周波数は5Ghzと2.4Ghzに対応し、最大通信速度は9.6Gbps（理論値）、実測値では1～2Gbps前後と高速通信となっています。従来80Mhzだった通信帯域が160Mhzに拡大されたことで、通信速度が大きく向上しました。また、MU-MIMO対応に加え変調方式に「OFDMA」が採用され、1回の通信で複数台の端末と通信できるようになったため、通信効率が大幅にアップしています。

Wi-Fi規格	IEEE規格	周波数	策定年	最大通信速度（理論値）	実測値
Wi-Fi 6	IEEE802.11ax	5Ghz/2.4Ghz	2019年	9.6Gbps	1～2Gbps前後

● Wi-Fi 6E

　Wi-Fi 6Eは、2020年に策定されたWi-Fi 6の拡張規格で通信規格も「IEEE802.11ax」です。周波数は従来の5Ghzと2.4Ghzに6GHzが追加され、電波干渉や制限がまったくないWi-Fi通信が可能になりました。最大通信速度は9.6Gbps（理論値）、実測値では1～2Gbps前後とWi-Fi 6と同程度ですが、6Ghz帯では、160Mhzの通信帯が3チャンネル確保され快適に通信できます。なお、Wi-Fi 6Eのメリットを発揮させるには、スマホやパソコンなどの端末もWi-Fi 6Eに対応している必要があります。

Wi-Fi規格	IEEE規格	周波数	策定年	最大通信速度（理論値）	実測値
Wi-Fi 6E	IEEE802.11ax	6Ghz/5Ghz/2.4Ghz	2020年	9.6Gbps	1～2Gbps前後

● Wi-Fi 7

　Wi-Fi 7の通信規格は「IEEE802.11be」で、2024年5月に策定されたばかりです。周波数は、Wi-Fi 6Eと同じく6Ghz、5Ghz、2.4Ghzの3帯を利用でき、最大通信速度は46Gbps（理論値）とWi-Fi 6Eの4.8倍もの速度を実現しています。実測値でも5Gbpsを超えたという報告もあります。これは、6Ghzの帯域幅が320Mhzに拡大されたことと「MLO」を実装し、これまで不可能だった複数の周波数帯への同時接続が可能になったためです。なお、Wi-Fi 7のメリットを発揮させるには、スマホやパソコンなどの端末もWi-Fi 7に対応している必要があります。

Wi-Fi規格	IEEE規格	周波数	策定年	最大通信速度（理論値）	実測値
Wi-Fi 7	IEEE802.11be	6Ghz/5Ghz/2.4Ghz	2024年	46Gbps	−

パソコンのWi-Fi通信規格を確認しよう

① [スタート] メニューを表示する

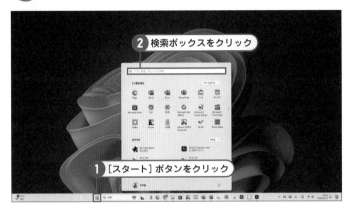

② 検索ボックスをクリック

① [スタート] ボタンをクリック

① [スタート] ボタンをクリックし、[スタート] メニューを表示して、検索ボックスをクリックします。

パソコンに対応している Wi-Fiの規格を確認する

Wi-Fiルーターを購入する場合、パソコンやスマホなどそれぞれの機器に対応しているWi-Fiの規格を確認しましょう。Wi-Fiルーターが新しいWi-Fiの規格に対応していても、端末側が古い規格にしか対応していないときは、古い規格の遅い速度での通信となります。逆にパソコン側が新しいWi-Fi規格に対応しているのに、古いWi-Fiルーターを使用していると、Wi-Fiルーターの規格に合った通信となります。

② [コマンドプロンプト] を起動する

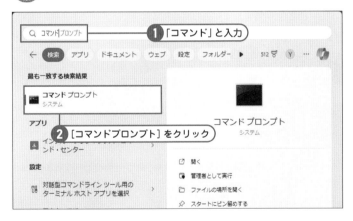

① 「コマンド」と入力

② [コマンドプロンプト] をクリック

② 検索ボックスに「コマンド」と入力し、検索結果に表示される [コマンドプロンプト] をクリックして [コマンドプロンプト] を起動します。

③ 無線LANのドライバーの情報を表示する

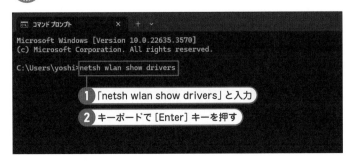

① 「netsh wlan show drivers」と入力

② キーボードで [Enter] キーを押す

③ [コマンドプロンプト] が起動します。カーソルが点滅するので、そのまま「netsh wlan show drivers」と入力し、キーボードの [Enter] キーを押します。

④ サポートされている規格を確認する

[サポートされる無線の種類] に記載されている規格名を確認

④ [サポートされる無線の種類] に記載されている規格名を確認します。

Macの Wi-Fi 通信規格を確認しよう

① アプリの一覧を表示する

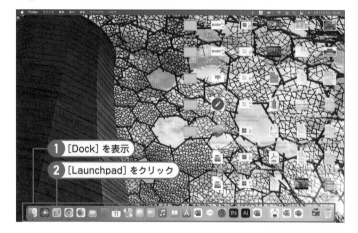

1 [Dock] を表示

2 [Launchpad] をクリック

① マウスポインタを画面最下部に移動して [Dock] を表示し、[Launchpad] をクリックしてアプリの一覧を表示します。

② [その他] の内容を表示する

1 [その他] をクリック

② [その他] をクリックし、内容を表示します。

③ [システム情報] を起動する

③ [システム情報] をクリックし、[システム情報] を起動します。

 ヒント Androidスマホに対応しているWi-Fi規格を確認する

Androidスマホには、対応しているWi-Fi規格を確認する機能が用意されていません。そのため、対応Wi-Fi規格は、各機種のWebサイトの仕様で確認しましょう。なお、主なAndroidスマホの対応Wi-Fiは次の通りです。

メーカー	機種名	Wi-Fi 6	Wi-F i6E	Wi-Fi 7	メーカー	機種名	Wi-Fi 6	Wi-F i6E	Wi-Fi 7
SAMSUNG	Galaxy Z Flip5	○	○	×	SHARP	AQUOS R8	○	○	×
SAMSUNG	Galaxy Z Fold5	○	○	×	SHARP	AQUOS R8 pro	○	○	×
SAMSUNG	Galaxy A54 5G	○	×	×	SHARP	AQUOS R7	○	×	×
SAMSUNG	Galaxy S23	○	○	×	SHARP	AQUOS R6	○	×	×
SAMSUNG	Galaxy S23 Ultra	○	○	×	SONY	Xperia 1 V	○	○	×
SAMSUNG	Galaxy Z Flip4	○	×	×	SONY	Xperia 5 IV	○	○	×
Google	Google Pixel 8	○	○	○	SONY	Xperia 1 IV	○	○	×
Google	Google Pixel 8 Pro	○	○	○	SONY	Xperia PRO-I	○	×	×
Google	Google Pixel Fold	○	○	×	SONY	Xperia 5 III	○	×	×
Google	Google Pixel 7a	○	○	×	SONY	Xperia 1 III	○	×	×
Google	Google Pixel 7	○	○	×					

 ヒント iPhoneに対応しているWi-Fi規格を確認する

iPhoneには、対応しているWi-Fi規格を確認する機能が用意されていません。そのため、対応Wi-Fi規格は、iPhoneのWebサイトにある仕様で確認しましょう。なお、主なiPhoneの対応Wi-Fiは次の通りです。

メーカー	機種名	Wi-Fi 6	Wi-Fi 6E	Wi-Fi 7
Apple	iPhone 15 Pro Max	○	○	×
Apple	iPhone 15 Pro	○	○	×
Apple	iPhone 15 Plus	○	×	×
Apple	iPhone 15	○	×	×
Apple	iPhone 14 Pro Max	○	×	×
Apple	iPhone 14 Pro	○	×	×
Apple	iPhone 14 Plus	○	×	×
Apple	iPhone 14	○	×	×
Apple	iPhone SE（第3世代）	○	×	×

④ サポートされているWi-Fiの規格を確認する

④ 左のメニューで［ネットワーク］にある［Wi-Fi］をクリックし、［サポートされるPHYモード］でサポートされているWi-Fiの規格を確認します。

間取りで選ぼう

多くのWi-Fiルーターでは、「戸建て3階建/マンション4LDK」など能力に合わせて対応可能な間取りが指定されています。自宅の広さや階数、部屋の数、遮蔽物の有無を確認して選択し、パッケージに標示されている間取りよりも大きいWi-Fiルーターを選択すると良いでしょう。

● BUFFALOのWi-Fi6対応のWi-Fiルーターの仕様表

商品シリーズ	WXR-6000 AX12P	WXR-5700 AX7S	WSR-6000 AX8	WSR-5400 AX6S	WSR-3200 AX4S	WSR-1800 AX4S	WSR-1500 AX2S
商品画像	› 商品の詳細を見る	› 商品の詳細を見る	› 商品の詳細を見る	› 商品の詳細を見る	› 商品の詳細を見る	› 商品の詳細を見る	› 商品の詳細を見る
利用推奨環境	戸建:3階建 マンション:4LDK	戸建:3階建 マンション:4LDK	戸建:3階建 マンション:4LDK	戸建:3階建 マンション:4LDK	戸建:3階建 マンション:4LDK	戸建:2階建 マンション:3LDK	戸建:2階建 マンション:3LDK
	端末:36台 人数:12人	端末:32台 人数:11人	端末:36台 人数:12人	端末:30台 人数:10人	端末:21台 人数:7人	端末:14台 人数:5人	端末:12台 人数:4人

▲ ［推奨利用環境］に間取りが指定されています

接続端末台数で選択しよう

　Wi-Fiルーターには、接続する端末の台数が指定されています。スマホやパソコン、プリンター、スマートスピーカー、テレビなど、Wi-Fiに接続している機器は多くなってきています。指定された端末台数を超えても、接続することは可能ですが通信スピードが遅くなったり、通信が途切れたりすることがあります。実際にWi-Fiに接続する端末台数よりも少し余裕を見て接続端末台数が多いWi-Fiルーターを選択しましょう。

Wi-Fiに接続する端末の▶
台数を確認しましょう

Wi-Fiルーターの機能で選ぼう

　Wi-Fiルーターには、通信速度を上げたり、広範囲に電波を届けたりするための様々な機能が搭載されています。使用する場所の広さや接続する端末の数などに合わせて、必要なオプション機能でWi-Fiルーターの機種を絞り込みましょう。

●ビームフォーミング

　「ビームフォーミング」は、特定の機器に向かって電波を飛ばす機能です。障害物が多い場所やWi-Fiルーターから離れた場所でも、通信速度が落ちにくくなる効果があります。なお、ビームフォーミングを利用するには、Wi-Fiルーターとスマホやパソコンなど端末側の両方がこの機能に対応している必要があります。iPhoneはiPhone6以降、現行のAndroidスマホはすべてビームフォーミングに対応しています。

● MU-MIMO

「MU-MIMO（マルチユーザー・マイモ）」は、Wi-Fiルーターから複数の端末に向かって同時に異なるデータを送信する無線送信技術です。MU-MIMOでは、データをビームフォーミングを利用して同時に複数の端末に送信するため、通信の順番待ちが発生せず、通信速度を維持したまま安定した通信が可能です。なお、MU-MIMOを利用するには、Wi-Fiルーターとスマホやパソコンなど端末側の両方がこの機能に対応している必要があります。

● バンドステアリング

「バンドステアリング」は、電波状況に応じて、使用する周波数帯（5Ghzと2.4Ghz）を自動的に切り替える機能です。2.4Ghzの周波数帯の通信が混んでいる場合は、自動的に5Ghzに切り替えて、スムーズな通信をサポートします。なお、ハンドステアリングを利用するには、Wi-Fiルーターとスマホやパソコンなど端末側の両方がこの機能に対応している必要があります。

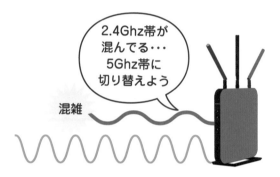

● メッシュWi-Fi

「メッシュWi-Fi」は、Wi-Fiルーター（親機）とルーター機能を持つ複数の「サテライトルーター」を配置することで、自宅のどこからでも安定した快適な通信を可能にするWi-Fiシステムです。Wi-Fiルーターとサテライトルーターは、互いに連携して1つの大きなネットワークを形成し、1つのWi-Fiルーターではカバーしきれない範囲まで電波を届けます。なお、メッシュWi-Fiを設置するには、Wi-Fiルーターの他にサテライトルーターを用意する必要があります。

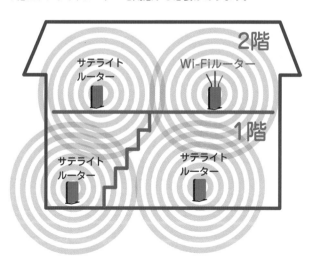

09 Wi-Fi ルーター設置の ポイント

パソコンやスマホをWi-Fiでインターネットを接続するには、Wi-Fiルーターの設置が必須です。このセクションでは、Wi-Fiルーターの選び方から設置場所を図とイラストで追いながら丁寧に解説していきます。

電波の特性を知っておこう

　Wi-Fiの電波には、2.4Ghz、5Ghz、6Ghzの3つの周波数帯があり、それぞれの特性が異なります。Wi-Fiルーターは、これらの電波の特性を確認して、できるだけ電波が広く届く場所に配置しましょう。

●2.4Ghz
　2.4Ghz帯は、遮蔽物に強く、長距離・広範囲に届きやすい性質がありますが、電子レンジやBluetoothなどの電波干渉を受け、混線・速度低下を起こしやすい側面もあります。

同じ2.4Ghz帯を使っている電子レンジやBluetooth機器の電波干渉で途切れやすい

●5Ghz
　同じ5Ghz帯を使っている家電製品はないため、混線や速度低下はありませんが、遮蔽物に弱く、電波が狭い範囲にしか届かない性質があります。また、航空無線や気象レーダー、人工衛星と電波干渉する場合があるため、5Ghz帯の電波は屋外での使用が禁止されています。また、これらとの電波干渉を防ぐために、多くのWi-Fiルーターには電波干渉が確認されると自動的に電波の送信を停止するDFS機能が搭載されています。

遮蔽物に弱く
電波が届く
範囲が狭い

空港気象レーダーや
人工衛星の干渉を
避けるために
屋外での使用は禁止

● 6Ghz

　6Ghz帯は、Wi-Fiのみが利用している周波数で、電波干渉による速度低下や遮断がありません。また、あらたに追加された周波数帯域なので、使用する機器も少なくスムーズな通信を可能にしています。ただ、遮蔽物に弱く、電波が狭い範囲にしか届かない性質もあります。

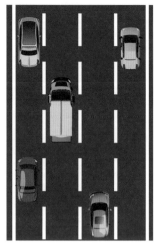

▲6Ghzは、走る車が少ない広い高速道路のイメージです

Wi-Fiルーターはこんな場所に設置しよう

　Wi-Fiの電波は遮蔽物や電波の干渉に弱い性質があります。Wi-Fiルーターは、自宅の中央付近、遮蔽物の少ない場所に設置しましょう。電波の妨げになる壁ぎわ、床置きは避けて、遮蔽物の少ないテーブルやデスクの上などにおくと良いでしょう。

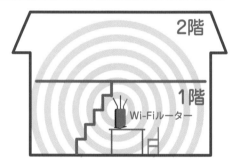

おすすめのルーター設置場所
・床から1m程度の高さのある場所
・遮蔽物のない自宅の中心に位置する場所
・家電製品の少ない場所

やめた方がいいWi-Fiルーターの設置場所

　Wi-Fiルーターや光回線のONU、ケーブルテレビのケーブルモデムなどは、配線がむき出しになっていて、あまり見栄えが良いものではありません。そのため工夫して隠してしまう傾向にあります。しかし、Wi-Fiルーターは、本棚の本の間やテレビの裏側など、囲まれた場所に設置すると、電波が妨げられて通信が不安定になってしまいます。次のような場所には、Wi-Fiルーターを置かないようにしましょう。

●床への直置き

　Wi-Fiルーターを直に床に置くと、下に向かって発信された電波が反射、透過して電波の強度を低下させることに繋がります。

●壁ぎわ／部屋の隅

Wi-Fiルーターを部屋の隅や壁ぎわに配置すると、壁や床で電波が遮られ、特定の方向にのみ電波が発信されます。この場合、電波の強度が下がってしまう場合が多く、Wi-Fiに繋がりにくくなります。

●金属製の棚の中／水槽の近く

金属は電波を反射しやすく、電波の混線を招いたり、通信速度が遅くなったりする原因となります。Wi-Fiルーターを金属製の棚に設置するのは避けた方がいいでしょう。また、Wi-Fiの電波は水に吸収されやすい性質があります。Wi-Fiルーターを水槽や花瓶など水の入った容器の周囲に設置するのも避けた方が良いでしょう。

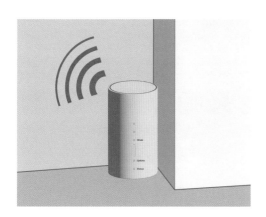

●本棚や棚の中

本棚の本の間や棚、引き出しの中など、Wi-Fiルーターが囲まれてしまうような場所に設置すると、電波の飛ぶ方向が制限されてしまい、通信速度が低下してしまいます。Wi-Fiルーターは、どの方向にも電波を届けられるようなテーブルや机、ボードの上などに設置しましょう。

●テレビの後ろ側

テレビの後ろは、テレビの電波をはじめ、さまざまな電波が反射する場所です。テレビと壁に囲まれるだけでも電波を飛ばせる方向が制限される上、他の機器の電波の干渉を受けて不安定になってしまいます。テレビの後ろは機器を隠しやすい場所ですが、Wi-Fiルーターをそこに置くのは避けた方が良いでしょう。

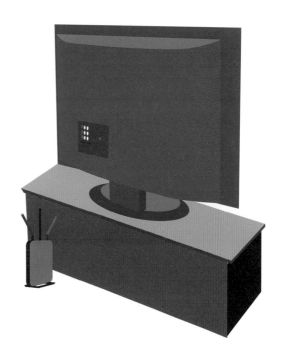

Key Word Wi-Fi ルーターの設置

10 Wi-Fiルーターを設置しよう

Wi-Fiルーターの用意ができたら、早速Wi-Fiルーターを設置してみましょう。光回線の場合はONUと、ケーブルTVの場合はケーブルモデムとLANケーブルをつなげるだけでかんたんに設定できます。

Wi-Fiルーターを設置しよう（光回線）

① ONUとLANケーブルを接続する

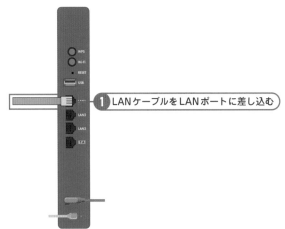

> **1** LANケーブルをLANポートに差し込む

① ONUが起動したら、ONUの背面にある [LAN] ポートにLANケーブルを差し込みます。

> ⚠️ **チェック** IPoE方式とPPPoE方式では設置方法が異なる
>
> インターネットのプランがIPv6に対応している場合は、IPoE方式での接続のため、ONUとWi-FiルーターをLANケーブルで接続すると、自動的にインターネットからプロバイダー情報が取得・設定され、Wi-Fiが利用可能な状態になります。一方、IPv4対応のプランでは、この手順でONUとWi-Fiルーターを接続した後、手動でプロバイダー情報を登録する必要があります。なお、このセクションでは、IPoE方式でのWi-Fiルーター設置方法を解説しています。

② ルーターモードに切り替える

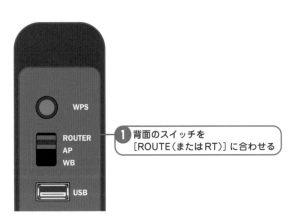

> **1** 背面のスイッチを [ROUTE（またはRT）] に合わせる

② Wi-Fiルーターを起動し、背面にあるスイッチを [ROUTER]（機種によっては [RT]）に合わせてルーターモードに切り替えます。

③ Wi-Fiルーターにケーブルを差し込む

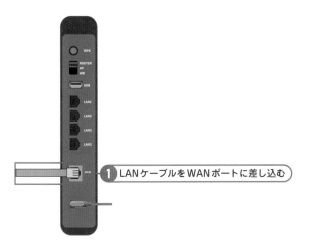

① LANケーブルをWANポートに差し込む

③ LANケーブルのもう一方の端を
Wi-FiルーターのWANポートに差し
込むと、Wi-Fiが接続可能な状態にな
ります。

ヒント WANってなに？

「WAN」は、「Wide Area Network」の
略で、プロバイダーが管理するLAN
（各家庭や企業内のネットワーク）同
士をつなぐことで構築される広範囲の
ネットワークです。WANには、プロ
バイダーの会員がログインすることで
通信が可能になります。Wi-Fiルー
ターやONUは、LANとWANをつな
ぐ機能を担っているため、間違った
LANケーブルを間違ったポートに差
し込むとインターネットに接続できな
いため注意が必要です

メモ Wi-Fiルーターのモードを切り替える

Wi-Fiルーターは、Wi-Fiルーターと使用できる「ルーターモード（RTモード）」、アクセスポイントとして利用できる「ブ
リッジモード（APモード）」、中継器として利用できる「中継器モード（WBモード）」の3モードに切り替えることができま
す。

・**ブリッジモード（APモード）**：Wi-Fiルーターをアクセスポイントとして
利用できるモードです。アクセスポイントは、Wi-Fiの電波を送受信する
ことに特化した機器で、それ自身ではインターネットにつながっていませ
ん。親機となるWi-FiルーターとLANケーブルで接続し、親機と連携して
広い範囲にWi-Fi環境を構築できます。

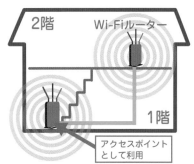

・**中継器モード（WBモード）**：中継器は、Wi-Fiルーターから離れた場所に
アンテナを追加するイメージです。Wi-Fiルーターの電波を受信し、電波
を再発信して電波の弱い範囲をカバーします。

光回線の接続のパターンを知っておこう

　光回線の場合、光信号をデジタル信号に変換する「ONU（終端装置）」という装置が必須ですが、契約の内容によってホームゲートウェイ（ひかり電話に対応したルーター機器）やWi-Fiルーターが必要になります。いくつかパターンがあり、パターンによってWi-Fiの接続方法が違ってくるので、確認しておきましょう。

❶ ONU機能とWi-Fi機能が一体となったホームゲートウェイ

　プロバイダー加入時に、ひかり電話も同時に契約した場合にレンタルされるホームゲートウェイです。Wi-Fi機能も搭載されているため、あらたにWi-Fiルーターを導入する必要はありません。

ONU+Wi-Fi ルーター一体型

❷ ONUとWi-Fiルーター

　プロバイダー加入時に、ひかり電話を契約しなかった場合には、ONUのみがレンタルされます。この場合には、Wi-Fiルーターを追加でレンタルするか、購入してWi-Fiルーター機能を追加します。

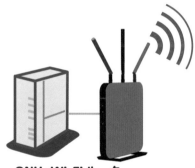

ONU+Wi-Fi ルーター

❸ ONUとホームゲートウェイ

　プロバイダー加入後にひかり電話を追加で契約した場合に、ホームゲートウェイが追加されます。この場合、ホームゲートウェイにWi-Fi機能が搭載されていないときは、Wi-Fiルーターを追加する必要があります。なお、ONUとホームゲートウェイは、ONUとWi-Fiルーターとの接続と同じ手順で接続します。

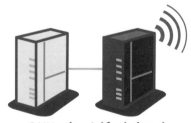

ONU+ ホームゲートウェイ

Wi-Fiルーターを設置する（ケーブルTV）

① ケーブルモデムとWi-Fiルーターを接続する

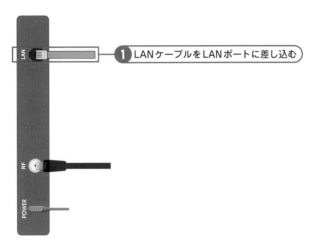

① LANケーブルをLANポートに差し込む

① ケーブルモデムが起動した状態委で、ケーブルモデムの背面にある［LAN］ポートにLANケーブルを差し込みます。

> ⚠ **チェック** ケーブルTVの光回線の場合
>
> ケーブルTVの場合、同軸ケーブルでのインターネット接続の他に、光回線での接続のサービスも行っています。ケーブルTVで光回線のプランを契約した場合は、P.50の手順に従ってONUとWi-Fiルーターを接続します。

② ルーターモードに切り替える

① 背面のスイッチを［ROUTE（またはRT）］に合わせる

② Wi-Fiルーターを起動し、背面にあるスイッチを［ROUTER］（機種によっては［RT］）に合わせてルーターモードに切り替えます。

③ Wi-Fiルーターにケーブルを差し込む

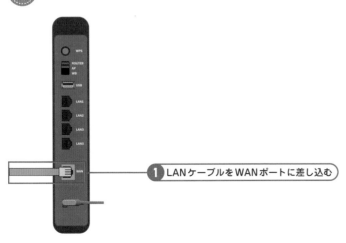

① LANケーブルをWANポートに差し込む

③ LANケーブルのもう一方の端をWi-FiルーターのWANポートに差し込みます。

Key Word パソコンの Wi-Fi への接続

11 パソコンをWi-Fiに 接続する

Wi-Fiルーターの設置が完了したら、早速パソコンをWi-Fiにつなげてみましょう。Wi-Fiに接続する際には、SSIDとパスワードが必要になります。Wi-Fiルーターに表示されているSSIDとパスワードをあらかじめ確認しておきましょう。

WPSボタンを押して接続する

① ネットワークアイコンをクリックする

1 ネットワークアイコン をクリック

① タスクバーの右端にあるネットワークアイコン🌐をクリックし、メニューを表示します。

② [Wi-Fi] パネルを表示する

1 [Wi-Fi] の右にある [>] をクリック

Wi-Fi　未接続　機内モード

夜間モード　アクセシビリティ　表示

② [Wi-Fi]ボタンの右にある[>]をクリックし、[Wi-Fi]パネルを表示します。

ヒント WPSボタンとは

「WPS」は、「Wi-Fi Protected Setup」の略で、ボタンを押すだけで、Wi-Fiネットワークに接続できるようにするための規格です。多くのWi-Fiルーターには、[WPS] ボタンが用意されていて、ボタンを押すだけでSSIDやパスワードの設定をしなくてもWi-Fiに接続できます。なお、[WPS] ボタンは、BUFFALOは「AOSS」、NECは「らくらくスタートボタン」のように、メーカーによって呼び方が異なっています。設定方法が異なる場合もあるため注意が必要です。

③ Wi-Fi通信を有効にする

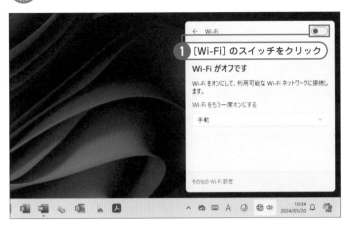

③ [Wi-Fi] のスイッチをクリックして有効にし、目的のSSID（ネットワーク名）をクリックします。なお、すでにWi-Fiが有効になっている場合は、次の手順に進んでください。

④ ネットワークを選択する

④ 目的のSSID（ネットワーク名）をクリックします。

> **ヒント** SSIDって何？
>
> SSIDは、Wi-Fi通信で利用するネットワークの識別名です。大文字と小文字を区別した32文字の英数字で表示されます。Wi-Fiを利用する際には、SSIDを指定してネットワークにログインし、インターネットに接続します。なお、SSIDは後から変更することができます。

⑤ ［自動的に接続］を有効にする

⑤ 目的のSSIDの接続画面が表示されたら、［自動的に接続］をオンにして、画面はこのままにしておきます。

⑥ [WPS] ボタンを長押しする

1 Wi-Fiルーターの [WPS] を長押し

WPS

ROUTER
AP
WB

USB

⑥ Wi-Fiルーターにある [WPS] ボタン（[AOSS] ボタン、[らくらくスタート] ボタンなどの呼び方があります）をランプが緑の点滅になるまで長押しします。

⑦ パソコンがWi-Fiにつながった

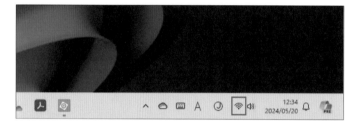

⑦ ランプが緑の点灯に変わり、画面右下にWi-Fiのアイコンが表示されたら、設定は完了です。

パソコンを手動でWi-Fiに接続する

① SSIDとパスワードをメモする

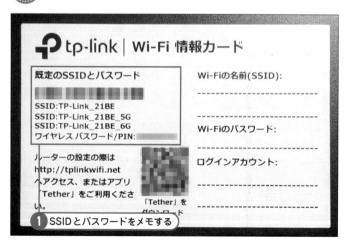

① Wi-Fiルーターに記載されているSSIDとパスワードをメモします。

② パスワード設定画面を表示する

1 [自動的に接続]をオンにする

TP-Link_21BE
セキュリティ保護あり

自動的に接続

接続

2 [接続]をクリック

リビングルーム_96DFybf.

會素.k

WAVLINK-N

その他の Wi-Fi 設定

③ Wi-Fiに接続する

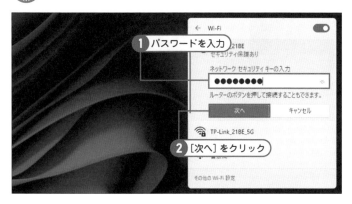

← Wi-Fi

1 パスワードを入力

_21BE
セキュリティ保護あり

ネットワーク セキュリティ キーの入力

●●●●●●●●●

ルーターのボタンを押して接続することもできます。

次へ   キャンセル

TP-Link_21BE_5G

2 [次へ]をクリック

その他の Wi-Fi 設定

---

② P.54の手順で[Wi-Fi]パネルを表示し、目的のSSIDをクリックして、[自動的に接続]をオンにし[接続]をクリックします。

> 📖 **メモ** パスワード入力は不要になる
>
> 手順2の図で[自動的に接続]をオンにして作業を進めると、次回接続時にはパスワードの入力が不要になり、自動的にWi-Fiに接続できるようになります。

③ メモしたパスワードを入力し、[次へ]をクリックすると、Wi-Fiへの接続が実行されます。

 ヒント カフェや施設でフリーWi-Fiに接続するには

　カフェや公共施設でフリーWi-Fiを利用する場合も、この手順と同様にSSIDを指定し、パスワードを入力して接続します。ほとんどの場合、壁や机、レジなどにWi-FiのSSIDとパスワードが掲示されています。また、[Japan Wi-Fi auto-connect]アプリのようなフリーWi-Fiアプリにユーザー登録すると、そのアプリが運営するフリーWi-Fiスポットでは自動的に接続できるようになります。

● [Japan Wi-Fi auto-connect]
アプリの画面

① [設定] 画面を表示する

[設定] をクリック

① [スタート] をクリック

① [スタート] をクリックし、[スタート] メニューで [設定] のアイコンをクリックします。

📖 **メモ** ネットワーク設定を削除する方法を知っておこう

引っ越ししてWi-Fiルーターの設定が変わったり、SSIDのパスワードを変更したりしたときには、以前のネットワーク設定は削除しましょう。また、ネットワーク設定通りにパスワードを入力しても、うまく接続できないときも、一旦ネットワーク設定を削除し、再度設定し直すと接続できることがあります。ネットワーク設定の削除方法は、覚えておくと便利です。

② [Wi-Fi] 画面を表示する

② [Wi-Fi] をクリック

① [ネットワークとインターネット] をクリック

② 左側のメニューで [ネットワークとインターネット] をクリックし、表示される画面で [Wi-Fi] をクリックします。

③ [既知のネットワークの管理] 画面を表示する

① [既知のネットワークの管理] をクリック

③ [既知のネットワークの管理] をクリックします。

④ ネットワーク情報を削除する

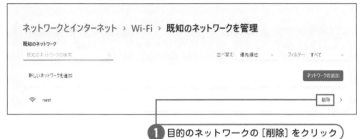

ネットワークとインターネット > Wi-Fi > 既知のネットワークを管理

既知のネットワーク

| 既知のネットワークの検索 | | 並べ替え: 優先順位 ∨ | フィルター: すべて ∨ |

新しいネットワークを追加

📶 nest   削除 ›

┌─────────────
❶ 目的のネットワークの［削除］をクリック

 ④ 保存済みのWi-Fiネットワーク一覧が表示されるので、目的のネットワークに表示されている［削除］をクリックすると、保存されたSSIDとパスワードが削除されます。

ヒント **Wi-Fiには再ログインできる**

この手順に従ってネットワーク情報を削除しても、P.54の手順で再度同じSSIDのネットワークに接続することができます。引っ越しなどでネットワーク情報が変更になるなど、以前のSSIDの情報が不要な場合は削除しましょう。

⚠ チェック 現在のネットワークの詳細情報を確認する

現在のネットワークの状況を確認したいときは、この手順で［ネットワークとインターネット］の［Wi-Fi］画面（手順3の図参照）を表示し、［（ネットワーク名）プロパティ］をクリックします。［ネットワークのプロパティ］画面では、接続中のWi-Fiのバージョン、ネットワーク帯域、IPアドレスなど詳細な情報が表示されます。

12 プロバイダー情報を登録しよう（IPv4ユーザー）

インターネット回線のプランがIPv6に対応していない場合は、Wi-Fiルーターに手動でプロバイダー情報を登録する必要があります。あらかじめプロバイダーから届いた書類を用意して、「認証ID」と「認証パスワード」をチェックしておきましょう。

パソコンをWi-Fiに接続する

① SSIDのパスワードを入力する

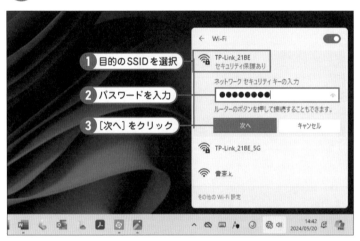

1 目的のSSIDを選択
2 パスワードを入力
3 ［次へ］をクリック

① P.54の手順で［Wi-Fi］パネルを表示し、目的のSSIDのパスワードを入力して、［次へ］をクリックします。

② パソコンがWi-Fiに接続された

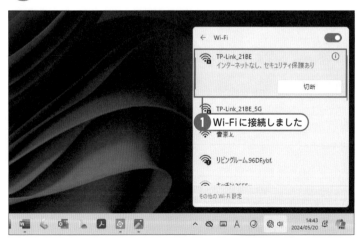

1 Wi-Fiに接続しました

② パソコンがWi-Fiに接続されますが、インターネットにはつながっていないため「インターネットなし」と表示されます。

> 💡ヒント　**インターネットにつながっていないWi-Fiに接続する**
>
> IPv4の場合、LANケーブルでONUとWi-Fiルーターを接続しても、プロバイダー情報が自動設定されません。そのため、ONUとWi-FiルーターをLANケーブルで接続し、パソコンからWi-Fiに接続して、WebブラウザーでWi-Fiルーターの管理画面を表示し必要な情報を登録します。

プロバイダー情報を登録する

1 Wi-Fiルーターの設定画面を表示する

1 管理画面のアドレスを入力
2 キーボードで [Enter] キーを押す

1 Webブラウザーを起動し、アドレスバーに管理画面のアドレスを入力して、キーボードの [Enter] キーを押します。なお、管理画面のアドレスは、Wi-Fiルーターのマニュアルなどに記載されています。ここではTP-LINKの手順を解説します。

2 管理者画面にログインする

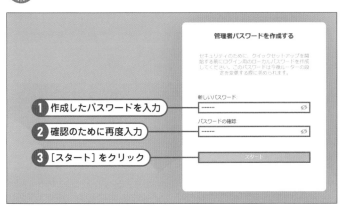

1 作成したパスワードを入力
2 確認のために再度入力
3 [スタート] をクリック

2 管理者画面にログインするためのパスワードを作成し、[新しいパスワード] と [パスワードの確認] に入力して、[スタート] をクリックします。

📖 メモ 管理画面へのログインパスワードを作成する

手順2では、Wi-Fiルーターの管理者画面にログインするためのパスワードを登録します。パスワードは6～32文字、半角英数字と記号の内、最低2種類を使って作成します。

3 タイムゾーンを選択する

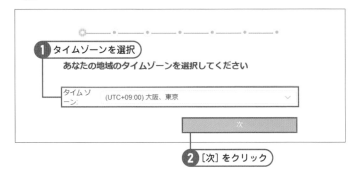

1 タイムゾーンを選択
あなたの地域のタイムゾーンを選択してください
タイムゾーン： (UTC+09:00) 大阪、東京
2 [次] をクリック

3 現在地のタイムゾーンを選択し、[次] をクリックします。

④ LANポートの種類を指定する

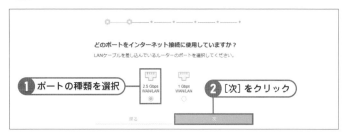

どのポートをインターネット接続に使用していますか？
LANケーブルを差し込んでいるルーターのポートを選択してください。

1 ポートの種類を選択

2 [次] をクリック

④ LANケーブルを差し込んでいるポートの種類を選択し、[次] をクリックします。わからない場合は、いずれかを選択し、[次] をクリックします。合っている場合には、次の画面が表示されます。

メモ LANポートの種類を指定する

手順4の図では、使用中のLANポートの種類を質問されます。わからない場合は、[2.5Gbps] と [1Gbps] のいずれかを選択して [次] をクリックしてみましょう。正しくない場合は、通信できなかったメッセージが表示されるので [戻る] をクリックし、もう片方のタイプを選択し、再度 [次] をクリックします。

⑤ 接続タイプを検出する

接続タイプを選択

インターネット接続の種類を選択します。よくわからない場合は、自動検出を試みるか、ISP（インターネットサービスプロバイダ）に連絡して下記のどれかを確認してください。

1 [自動検出] をクリック

- 静的 IP
- 動的 IP
  ケーブルTVや、ISPがインターネット接続に関する情報を提供していない場合、動的IP（DHCP）方式を採用している場合はこのタイプを選択します。
- PPPoE
- L2TP
- PPTP
- DS-Lite
- v6プラス
- MAP-E(OCN)

⑤ [自動検出] をクリックして、接続タイプを確認します。

ヒント 後から設定を変更する

この手順で設定したSSIDの名前やパスワードなどは、後から変更することができます。ネットワークの設定を変更するには、Wi-Fiルーターの管理画面を表示し、Wi-Fiの設定の画面（TP-LINKの場合は [ワイヤレス設定] 画面）を表示して、SSIDの名前やパスワード、セキュリティの種類、チャンネルなどを変更します。

⑥ 接続タイプを登録する

⑥ 接続タイプが検出されるので、[次]
をクリックします。

⑦ プロバイダー情報を登録する

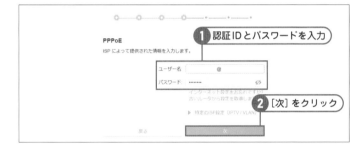

⑦ プロバイダーから受け取った書類か
ら、「認証ID」を[ユーザー名]に、「認
証パスワード」を[パスワード]に入
力して、[次]をクリックします。

> 📖 **メモ** 認証IDとパスワードを
> 登録する
>
> 手順7の図では、契約したプロバイ
> ダーから届いた書類の中に記載されて
> いる「認証ID」と「認証パスワード」を
> 設定します。「認証ID」と「認証パス
> ワード」は、プロバイダーのネット
> ワークにログインする際に必要なID
> とパスワードです。プロバイダーに
> よっては、「接続ID」や「ユーザーID」、
> 「ユーザー名」として記載されている
> ことがあるため、確認しましょう。

⑧ 初期設定を確認する

⑧ Wi-Fiの初期設定が表示されるので
確認します。

⑨ SSIDとパスワードを変更する

① SSIDとパスワードを変更

② [次] をクリック

⑨ SSIDとパスワードをわかりやすいものに変更し、[次] をクリックします。

ヒント SSIDとパスワードをわかりやすいものに変更する

手順9の図では、SSIDとパスワードを変更することができます。Wi-Fiルーターに記載されているSSIDとパスワードは、他のものとまぎらわしく、覚えにくいものが多いので、わかりやすいものに変更しましょう。

⑩ ファームウェアを自動更新する

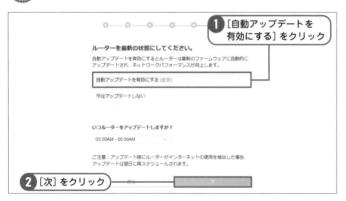

① [自動アップデートを有効にする] をクリック

② [次] をクリック

⑩ Wi-Fiルーターのファームウェアを自動的に更新するかどうかを選択します。ここでは、[自動アップデートを有効にする] をクリックし、[次] をクリックします。

⑪ 登録内容を確認する

① 内容を確認

② [次] をクリック

⑪ 保存した内容を確認し、[次] をクリックします。

⑫ プロバイダー情報の登録を終了する

⑫ 画面の指示に従って、ユーザー登録します。なお、ここでは、[スキップ]をクリックして、作業を終了します。

⑬ Wi-Fiに再接続する

⑬ 再度、Wi-Fiに接続する操作を行うと、パソコンがWi-Fiに接続されます。

💡ヒント Wi-Fiルーターの初期設定をスマホで行う

Wi-Fiルーターの初期設定をスマホで行う場合は、メーカーが用意するアプリで行います。TP-LinkのWi-Fiルーターの場合は、[Tether] アプリを利用し、プロバイダー情報を登録したり、SSIDとパスワードを変更したりして、Wi-Fiルーターの基本的な情報と機能を設定します。バッファローの場合は、[AirStation] アプリ、アイオーデータの場合は [Magical Finder] アプリ、NECの場合は [Aterm らくらく設定アシスト] アプリを利用して設定します。

● [Tether] アプリの画面

13 スマホをWi-Fiに接続してみよう

iPhoneやAndroidスマホでWi-Fiへの接続を設定すると、次回以降、同じWi-Fiに接続する際には、自動的に接続されるようになります。自宅や勤務先など、頻繁に利用するWi-Fiは、必ず接続設定をしておきましょう。

iPhoneでWi-Fiに接続する

 [設定] 画面を表示する

[設定] のアイコンをタップし、設定画面を表示します。

 [Wi-Fi] 画面を表示する

[設定] 画面が表示されるので、[Wi-Fi] をタップし、[Wi-Fi] 画面を表示します。

 チェック **Wi-Fiの設定方法を覚えておこう**

iPhoneやAndroidスマホでは、Wi-Fiに接続していなくても、インターネットに接続できます。しかし、携帯電話回線でインターネットに接続すると、データ容量を消費し、通信料が高くなってしまう場合もあります。外出先でこまめにWi-Fiに接続すると、携帯電話回線での通信を抑えることができます。

 ヒント **ネットワーク設定は保存される**

Wi-Fiに接続すると、そのSSIDのネットワーク名とパスワードが自動的に保存され、次回以降接続する際には、パスワードを入力する必要がなくなります。また、そのWi-Fiの電波が届く範囲に入ると、自動的にWi-Fiに接続することができるようになります。

SSIDのパスワード設定画面を表示する

目的のSSIDをタップし、SSIDの設定画面を表示します。

自動接続しないように設定する

Wi-Fiへの接続を設定すると、自動的に自動接続が有効になります。この場合、次回以降、このWi-Fiの電波を検出したら、自動的に接続されるようになります。Wi-Fiへの自動接続を無効にしたいときは、[設定]画面で[Wi-Fi]をタップし、接続中のSSIDの右に表示されている[i]のアイコンをタップして、SSIDの詳細画面を表示し、[自動接続]のスイッチをタップしてオフにします。

Wi-Fiに接続する

[パスワード]にSSIDのパスワードを入力し、[接続]をタップします。

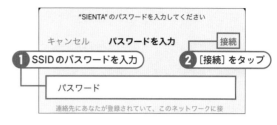

Wi-Fiに接続された

選択したSSIDのWi-Fiに接続されます。

SSIDのネットワーク設定を削除する

SSIDのネットワーク設定を削除するには、[設定]画面で[Wi-Fi]画面を表示し、目的のSSIDをタップしてSSIDの設定画面を表示します。[このネットワーク設定を削除]をタップし、表示される警告画面で[削除]をタップするとネットワーク設定が削除され自動接続が解除されます。なお、ネットワーク設定が削除しても、再度同じSSIDに接続することができます。

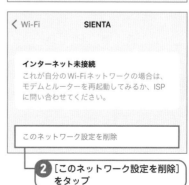

AndroidのスマホをWi-Fiに接続する

 [クイック設定]画面を表示する

画面上部を下に向かってスワイプし、[クイック設定]画面を表示します。

 [インターネット]画面を表示する

[インターネット]をタップし、[インターネット]画面を表示します。

 Wi-Fiを有効にする

[Wi-Fi]のスイッチをタップし、Wi-Fiを有効にします。

 SSIDを選択する

利用可能なSSIDの一覧が表示されるので、目的のSSIDをタップします。ここでは[SIENTA]をタップします。

⑤ Wi-Fiに接続する

パスワードを入力し、[接続] をタップします。
入力したパスワードを確認したいときは、[パス
ワードを表示する] をオンにすると、伏せ字が
解除され文字が表示されます。

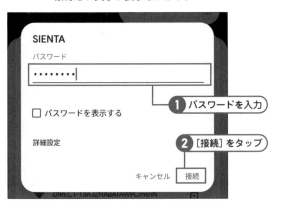

SIENTA

パスワード

● パスワードを入力

□ パスワードを表示する

詳細設定

● [接続] をタップ

キャンセル　接続

DIRECT-T3AJZNABATAWPCmsnN

ヒント　Wi-Fiを無効にする

Wi-Fiの電波は、Wi-Fiルーターに近いほど強く、遠い
ほど弱くなります。Wi-Fiルーターから遠い場所では、
Wi-Fiに接続されているがゆえに通信が不安定になる
ことがあります。この場合は、Wi-Fiルーターに近寄る
かWi-Fiを無効にしましょう。Wi-Fiを無効にするに
は、この手順で [クイック設定] 画面を表示し、[イン
ターネット] をタップして、[Wi-Fi] のスイッチをオフ
にします。

⑥ スマホがWi-Fiに接続された

Wi-Fiが接続されました。

インターネット

ネットワークをタップして接続

au
5G

Wi-Fi

SIENTA
接続済み

書斎.k.
保存済み!インターネットに接続され
ていません

DIRECT-T3AJZNABATAWPCmsnN

> すべて表示

Wi-Fiを共有　　　完了

メモ　Wi-Fiのネットワーク設定を共有しよう

Androidのスマホでは、複数のスマホで同じWi-Fiに
接続する場合、ネットワーク設定のQRコードを生成
し、それを使ってすばやくWi-Fiに接続することがで
きます。ネットワーク設定のQRコードを生成するに
は、[インターネット] 画面で接続中のWi-FiのSSID
をタップし、表示される詳細設定画面で [共有] をタッ
プします。本人確認画面が表示されるので、指紋認証
でロックを解除すると、ネットワーク設定のQRコー
ドが表示されるので、それを別の端末で読み取ります。

ネットワークの詳細

nest
接続済み

削除　　接続を解除　　共有

電波強度
非常に強い

周波数
5 GHz

● 目的のSSIDの詳細画面で [共有] を
タップし、本人確認を実行する

Wi-Fiの共有

別のデバイスでこのQRコードをスキャンして、
「nest」に接続できます

Wi-Fi パスワード: xmc1344m

Quick Share

● ネットワーク設定から
生成されたQRコードが表示される

Key Word SSIDとパスワードの変更

14 SSIDとパスワードを変更しよう

Wi-Fiルーターに指定されているSSIDとパスワードは、わかりづらく覚えにくいものが多いですよね。Wi-Fiの接続は、する機会が多い操作なので、SSIDとパスワードはわかりやすいものに変更した置いたほうが良いでしょう。

パソコンからSSIDとパスワードを変更する

① Wi-Fiルーターの管理画面を表示する

① パソコンをWi-Fiに接続し、WebブラウザーのアドレスバーにWi-Fiルーターの管理画面のアドレスを入力してキーボードで [Enter] キーを押します。Wi-Fiルーターの管理画面のアドレスは、マニュアルなどに記載されています。

② 管理画面にログインする

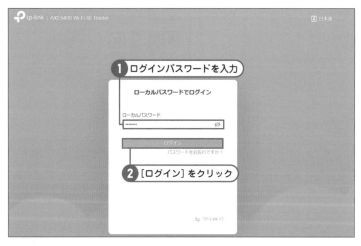

② 管理画面へのログインパスワードを入力し、[ログイン] をクリックします。なお、ユーザー登録が必要な場合は、画面の指示に従って操作を行います。

> ⚠ チェック **SSIDとパスワードを変更する**
>
> Wi-Fiルーターに設定されているSSIDは、メーカー名や機種名が多く、他のSSIDと区別がつきにくいことがあります。また、パスワードはランダムな英数字のものがほとんどです。SSIDとパスワードは、この手順に従ってわかりやすいものに変更しておきましょう。

③ ワイヤレスの設定画面を表示する

③ 管理画面が表示されます。上部で [ワイヤレス] をクリックして、Wi-Fiに関する設定画面を表示します。

④ SSIDとパスワードを変更する

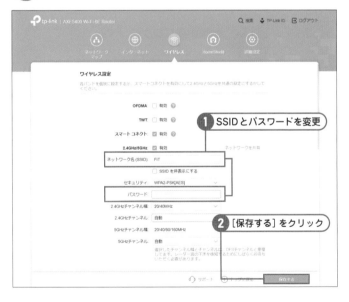

④ SSIDとパスワードをわかりやすいものに変更し、[保存する] をクリックすると、SSIDとパスワードの変更が保存されます。

> 💡 ヒント **パスワードは推測されないものにする**
>
> Wi-Fiのパスワードを変更する場合、「1234」や誕生日など、推測しやすい文字に変更すると、悪意のある第三者の侵入を許しかねません。パスワードは、推測しにくく、ある程度長い文字数で設定しましょう。数か月から1年に1度はパスワードを変更した方が良いでしょう。

アプリを起動する

メーカーが指定するWi-Fiルーターの管理アプリをインストールし、アイコンタップして起動します。ここでは、TP-LINKの[Tether]アプリの手順を解説します。

1 [Tether]アプリのアイコンをタップ

Wi-Fiルーターを選択する

ログインが完了するとこの画面が表示されるので、目的のWi-Fiルーターをタップします。

13:13

≡   +

マイデバイス

1 目的のWi-Fiルーターをタップ

☁ クラウドデバイス

Archer AXE5400
40-AE-30-B4-21-BE

アプリにログインする

ユーザー登録時に登録したメールアドレスとパスワードを入力し、[ログイン]をタップします。なお、ユーザー登録していない場合は、[アカウントをお持ちでない場合]をタップして画面の指示に従います。

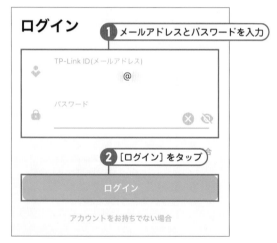

ログイン

1 メールアドレスとパスワードを入力

TP-Link ID(メールアドレス)
@

パスワード

2 [ログイン]をタップ

ログイン

アカウントをお持ちでない場合

管理画面にログインする

管理画面へのログインパスワードを入力し、[ログイン]をタップします。

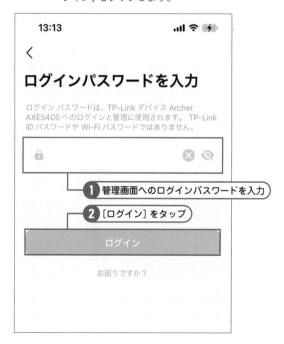

13:13

‹

ログインパスワードを入力

ログイン パスワードは、TP-Link デバイス Archer AXE5400 へのログインと管理に使用されます。 TP-Link ID パスワードや Wi-Fi パスワードではありません。

1 管理画面へのログインパスワードを入力

2 [ログイン]をタップ

ログイン

お困りですか?

📖 メモ   Wi-Fiルーターの設定アプリをインストールしよう

TP-LinkやBUFFALO、I-O DATAなど、パソコン周辺機器メーカーは、製品の機能設定や管理するためのアプリをリリースしています。スマホに機器の管理アプリをインストールしておくと、Wi-Fiルーターの設定やパスワードの変更をスマホでできるようになります。

・BUFFALO：[AirStation]アプリ
・I-O DATA：[Magical Finder]
・TP-LINK：[Tether]アプリ

新しいSSIDとパスワードを入力する

1 詳細設定画面を表示する

最下部にあるメニューで右端の［もっと］をタップし、詳細設定画面を表示します。

① ［もっと］をタップ

2 Wi-Fiの設定画面を表示する

上部にある［Wi-Fi設定］をタップし、Wi-Fiについての詳細な設定画面を表示します。

① ［Wi-Fi設定］をタップ

3 変更するSSIDを選択する

変更したいSSIDをタップし、SSIDとパスワードの変更画面を表示します。

① 変更するSSIDをタップ

📖 **メモ** Wi-Fiに接続している機器を確認する

Wi-Fiルーターのアプリでは、Wi-Fiに接続している機器を確認することができます。TP-Linkの場合は、［Tether］アプリの下部で［ネットワーク］をタップすると表示される画面（上の図参照）で［クライアント］をタップします。［クライアント］画面では、接続している機器名と接続している周波数を確認することができます。

④ SSIDとパスワードの変更を保存する

SSIDとパスワードを編集し、右上にある［保存］をタップして、変更を保存します。

② ［保存］をタップ

```
‹        Wi-Fi 設定        保存

スマート・コネクト        ⬤

スマートコネクトとは？
```

① SSIDとパスワードを変更

```
Wi-Fiネットワーク名 (SSID)
FIT

パスワード
                            ⊗

パスワードの強度: 中  ▰▰▰▰▱▱▱
```

パスワードは英数字と記号を組み合わせて設定することをおすすめします。

```
セキュリティ          WPA2-PSK  ›

詳細                             ›

q w e r t y u i o p
```

📖 メモ ゲストネットワークを設定しよう

「ゲストネットワーク」とは、来客用のネットワークのことです。普段利用している自宅のWi-FiのSSIDやパスワードを他の人に教えると、無断侵入されたり、情報を抜き取られたりする危険性があります。ゲストネットワークを作成しておけば、自宅のWi-Fiを守りながら、お客様にもWi-Fiを楽しんでもらうことができます。ゲストネットワークを作成するには、Wi-Fiルーターの管理画面やアプリから、ゲストネットワークを有効にし、パスワードを設定して、SSIDを確認します。

▲来客用にゲストネットワークを設定しておくと、セキュリティを高められます

⚠️ チェック Androidスマホで設定を変更する

［Tether］アプリは、Android版も用意されています。同様の手順でWi-Fiのネットワーク設定を変更することができます。SSIDやパスワードの設定を変更して、Wi-Fiのネットワークを管理しましょう。

▲Android版［Tether］アプリ

3章

周辺機器をWi-Fiに接続する

パソコンやスマホだけでなく、プリンターやスマートスピーカー、家電、照明などを Wi-Fi に接続すると、家電を音声で遠隔操作したり、スマホにある写真をワイヤレスで印刷したりすることができ、生活が大変便利になります。音声で家電や照明を操作できるようになれば、リモコンを探したり、照明をつけるためにわざわざ立ち上がったりするなど、ちょっとした煩わしさが解消され、快適な時間を過ごせるようになるでしょう。

Key Word　プリンターを Wi-Fi につなぐ

15 プリンターをWi-Fiに接続する

プリンターをWi-Fiに接続すると、配線を気にせずプリンターを好きな場所に移動できます。また、Wi-Fiの届く範囲ならどこからでも、スマホやパソコンで印刷することができます。なお、このセクションでは、EPSON PX-1600Fの画面で手順を解説します。

WPSボタンでプリンターをWi-Fiに接続する

① セットアップ画面を表示する

① プリンターの [セットアップ] ボタンを押して、セットアップ画面を表示します。

メモ WPSでかんたんに Wi-Fiに接続する

多くのプリンターでは、WPSボタンでのWi-Fi接続設定に対応しています。プリンター側でネットワーク設定画面を表示し、WPSでの自動設定を選択して、Wi-FiルーターのWPSボタンを押すだけで設定が完了します。

② ネットワーク設定の画面を表示する

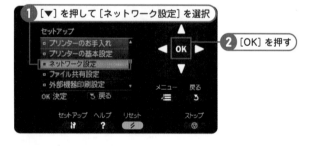

② [▼] を押して [ネットワーク設定] を選択し、[OK] ボタンを押します。

③ 無線LAN設定の画面を表示する

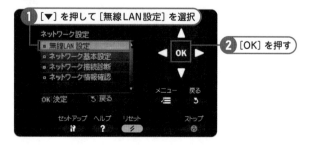

③ [▼] を押して [無線LAN設定] を選択し、[OK] を押します。

④ WPSボタンによる設定を選択する

① [▼] を押して [プッシュボタン自動設定 (AOSS/WPS)] を選択

② [OK] を押す

⑤ Wi-Fiルーターの [WPS] ボタンを押す

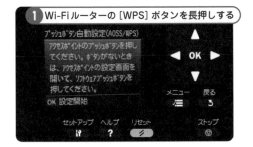

① Wi-Fiルーターの [WPS] ボタンを長押しする

⑥ Wi-Fiへの接続の設定が開始される

⑦ プリンターがWi-Fiに接続した

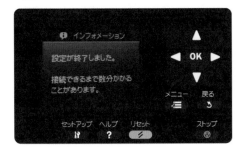

④ [▼] を押して [プッシュボタン自動設定 (AOSS/WPS)] を選択し、[OK] を押します。

⑤ この画面が表示されたら、Wi-Fiルーターの [WPS] ボタンを長押しします。

⑥ Wi-Fiへの接続が設定されます。

⑦ プリンターがWi-Fiに接続されました。

ヒント スマホからプリントする

スマホにある写真やファイルは、プリンターメーカーの専用アプリでスマホとプリンターをWi-Fi経由で直接接続し、印刷することができます。キヤノンの場合は、[Canon PRINT] アプリ、エプソンの場合は [EPSON iPrint] アプリ、ヒューレットパッカードの場合は [HP Smart] アプリを利用して印刷します。

3

周辺機器をWi-Fiに接続する

手動でWi-Fiに接続する

① 無線LAN設定の画面を表示する

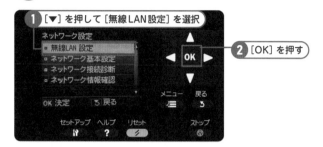

① [▼]を押して[無線LAN設定]を選択

ネットワーク設定
- 無線LAN設定
- ネットワーク基本設定
- ネットワーク接続診断
- ネットワーク情報確認

② [OK]を押す

② 手動設定の画面を表示する

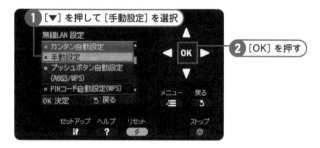

① [▼]を押して[手動設定]を選択

無線LAN設定
- カンタン自動設定
- 手動設定
- プッシュボタン自動設定 (AOSS/WPS)
- PINコード自動設定(WPS)

② [OK]を押す

③ 設定するSSIDを選択する

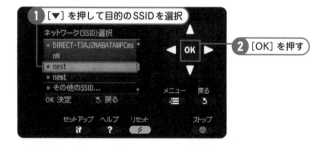

① [▼]を押して目的のSSIDを選択

ネットワーク(SSID)選択
- DIRECT-T3AJZNABATAWPCms nN
- nest
- nest
- その他のSSID...

② [OK]を押す

④ パスワードを入力する

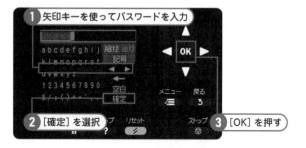

① 矢印キーを使ってパスワードを入力

abcdefghij AB12 ab12
klmnopqrst 記号
uvwxyz
1234567890 空白
確定

② [確定]を選択   ③ [OK]を押す

---

① [セットアップ]ボタンを押し、[ネットワーク設定]→[無線LAN設定]を選択して、[OK]ボタンを押します。

チェック Wi-Fiを手動で設定する

古いプリンターでは、WPSボタンによるネットワーク設定に対応していない機種があります。また、トラブルでWPSボタンでの自動設定がうまくいかないことがあるかもしれません。この手順に従って手動でSSIDを指定し、パスワードを入力して接続する方法を知っておいた方が良いでしょう。

② [▼]を押して[手動設定]を選択し、[OK]ボタンを押します。

③ [▼]を押して目的のSSIDを選択し、[OK]を押します。

④ 矢印キーを使ってSSIDのパスワードを入力し、[確定]を選択して、[OK]ボタンを押します。

⑤ Wi-Fiに接続する内容を確認する

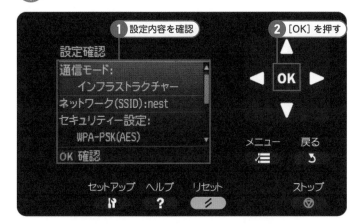

⑤ 設定の内容を確認し、[OK] ボタンを
押します

⑥ Wi-Fiの設定が開始される

⑥ Wi-Fiの設定が開始されます。

⑦ プリンターがWi-Fiに接続された

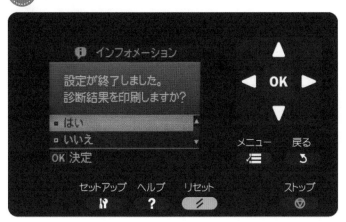

⑦ Wi-Fiの設定が完了しました。必要な
場合は、[はい] を選択して診断結果
を印刷しましょう。

Key Word スマートスピーカーを接続する

16 スマートスピーカーを Wi-Fiに接続する

スマートスピーカーは、Wi-Fiでインターネットに接続し、ユーザーの質問に答えたり、コンテンツを再生したりできるアシスタントデバイスです。また、スマートホームにも対応し、声で照明のオン／オフやテレビの操作ができるようになります。

Google Nest Miniとは

 メモ Google Nest Miniとは

「Google Nest Mini」は、Wi-Fiでインターネットに接続し、音声で情報を検索したりコンテンツを再生したりできるスマートスピーカーです。「OK. Google」の後に質問やリクエストを話すと、質問やリクエストに応えてくれます。また、スマートホームに対応していて、音声でスマート家電を操作することもできます。

メモ [Google Home] アプリとは

[Google Home] アプリは、スマートスピーカー・ディスプレイのGoogle Nest製品やメディアストリーミング端末のChromecastなどの機器の管理と機能の制御を行える管理アプリです。[Google Home] アプリでは、Google Nest製品を中心にスマートホームを構築することができ、他社のスマートスイッチなどと連携させたり、スマートホームに機器や機能を追加したりすることもできます。

Google Nest Miniをセットアップする

① **[Google Home] アプリを起動する**

Google Nest Miniの電源を入れ、スマホで [Google Home] アプリのアイコンをタップし起動します。

① [Google Home] アプリのアイコンをタップ

デバイスを追加する

下部のメニューで［デバイス］をタップし、右下の［＋追加］をタップします。

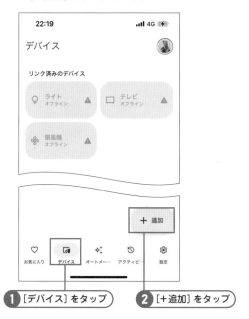

1 ［デバイス］をタップ 2 ［＋追加］をタップ

デバイスの種類を選択する

［Google Nest またはパートナーデバイス］をタップします。

1 ［Google Nest またはパートナーデバイス］をタップ

配置する家を指定する

目的の家をタップして選択し、［次へ］をクリックすると、デバイスの検索が実行されます。

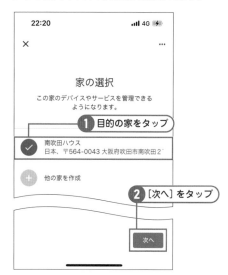

1 目的の家をタップ

2 ［次へ］をタップ

Google Nest Miniのセットアップを開始する

Google Nest Miniが検出されます。［次へ］をタップし、Google Nest Miniのセットアップを開始します。

1 ［次へ］をタップ

通知音を確認する

Google Nest Miniで通知音が鳴るので、[はい]をタップします。通知音が鳴らなかった場合は、[再試行]をタップします。

障害情報の協力について選択する

障害情報の送信に協力するかしないかを選択します。協力する場合は、[有効にする]をタップします。

Google Next Miniを配置する場所を指定する

Google Nest Miniを使用する場所を選択し、[次へ]をタップします。ここでは[庭]をタップします。

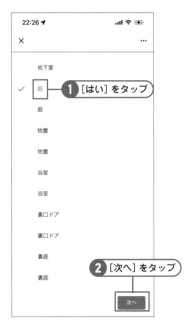

接続するWi-Fiを選択する

接続するSSIDをタップし、[次へ]をタップします。

Wi-Fiにログインする

10

SSIDのパスワードを入力し、[このWi-Fiネットワーク今後もデバイスのセットアップに使用する]をオンにして、[接続]をタップします。

Wi-Fiへの接続が完了した

11

Wi-Fiへの接続が完了するとこの画面が表示されます。

接続完了

メモ　Voice Matchとは

「Voice Match」は、Googleアシスタントに声でユーザーを認識させる機能です。Voice Matchを設定すると、Google Nest miniやGoogle Nest Hubがユーザーの声を認識して、ユーザーの設定や履歴を参照して動作します。また、Voice Matchはやり直しができます。声の認識が不安定になってきたら、Voice Matchで声を再設定すると動作が適切になります。

Google アシスタントの設定を開始する

12

記事の内容を確認し、[次へ]をタップします。

Voice Matchの設定を始める

13

Voice Matchに関する設定を開始します。[次へ]をタップします。

Voice Matchの利用を同意する

Voice Matchの内容を確認し、同意する場合は
[同意する]をタップします。

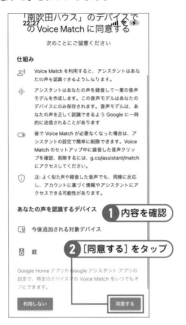

アシスタントの設定が完了した

アシスタントの設定が完了しました。[次へ]を
タップします。

アカウントに基づく情報の入手を有効にする

[オンにする]をタップして、アカウントに基づ
く情報を追加されるデバイスで共有することを
許諾します。

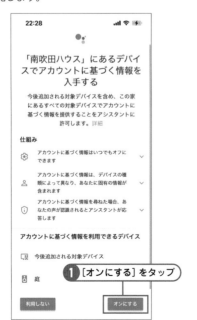

メディアの設定を始める

以降画面の指示に従って、音楽や映像などのコ
ンテンツと電話の設定を行います。

Amazon Echoとは

メモ　Amazon Echoとは

「Amazon Echo」は、Wi-Fiでインターネットに接続し、音声で情報を検索したりコンテンツを再生したりできるスマートスピーカーです。「Alexa（アレクサ）」の後に質問やリクエストを話すと、質問やリクエストに応えてくれます。また、スマートホームに対応していて、音声でスマート家電を操作することもできます。

Amazon Echoをセットアップする

1 [Amazon Alexa] アプリを起動する

ホーム画面で [Amazon Alexa] アプリのアイコンをタップし、アプリを起動します。

2 Amazonアカウントにログインする

Amazonアカウントのメールアドレスを入力し、そのパスワードを入力して、[ログイン] をタップします。

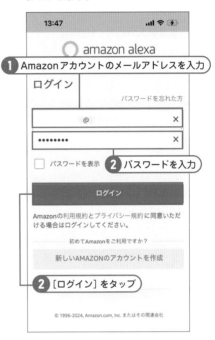

3 認証コードを送信する

スマホのSMSに送られた認証コードを入力し、[コードを送信する] をタップします。

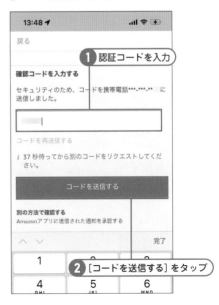

アカウント所有者の名前を登録する

アカウント所有者の名前を入力します。

1 アカウント所有者の名前を入力

機能のセットアップを開始する

プロフィールが作成されます。［機能をセット
アップ］をタップします。

1 ［機能をセットアップ］をタップ

Amazon Echoのセットアップを開始する

Echoが検出されるので、［同意して続ける］を
タップします。

1 ［同意して続ける］をタップ

Wi-Fiに接続する

接続中のWi-Fiネットワーク名確認し、そのパ
スワードを入力して、パスワード保存をオンに
し、［接続］をタップします。

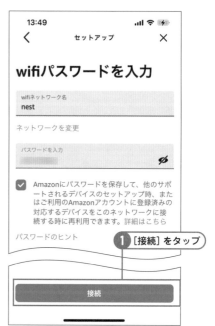

1 ［接続］をタップ

⑧ Wi-Fiに接続された

EchoがWi-Fiに接続されます。［次へ］をタップします。

⑨ 言語を選択する

Alexaの言語に［日本語］を選択し、［次へ］をタップします。

⑩ Echoを配置する部屋を指定する

Echoを配置する部屋を選択し、［次へ］をタップします。

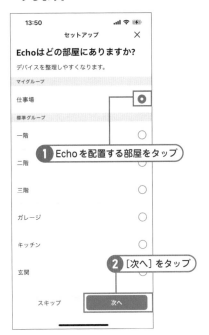

⑪ Echoを配置する部屋をタップ

［始める］をタップします。

3

周辺機器をWi-Fiに接続する

Key Word Chromecast の利用

17 Chromecastのコンテンツ をテレビで楽しむ

Chromecastは、Wi-Fiでインターネットに接続し動画配信サービスをテレビの画面で楽しめるデバイスです。テレビのHDMIに接続するだけで、YouTubeなどの動画コンテンツを楽しめ、プロジェクターで映写したりすることもできます。

Chromecastとは

📖 メモ Chromecastとは

「Chromecast」は、テレビやモニターで、インターネットで配信されている動画や音楽、Webページなどを再生、表示することができる小型の端末です。2013年にGoogleが製造、販売を開始し、2020年発売の第4世代となるChromecast with Google TVが現行モデルです（2024年5月現在）。また、Google以外の動画配信サービスやアプリを利用したり、Bluetoothでスピーカーやゲームパッドなどを接続したりすることも可能です。

Chromecastをテレビで使えるようにする

①リモコンと本体をペアリングする

① Chromecastをテレビに接続し電源を入れて、Chromecastが起動するとこの画面が表示されるので、リモコンの［←］とホームボタンを同時に長押しします。リモコン下部のランプが点灯したら指を離します。

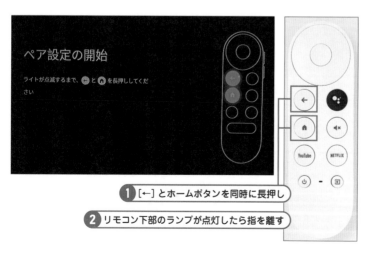

ペア設定の開始

ライトが点滅するまで、●と●を長押ししてください

① ［←］とホームボタンを同時に長押し

② リモコン下部のランプが点灯したら指を離す

② 言語を設定する

③ スマホのカメラ機能を起動する

④ [Google Home] アプリでの設定に切り替える

QRコードにカメラを向けると表示されるURL
をタップします。

② 言語選択画面が表示されるので、リ
モコンの方向キーを押して [日本語
（日本）] を選択し、決定ボタンを押し
ます。

③ QRコードが表示されるので、スマホ
のカメラ機能を起動します。

Chromecastを
[Google Home] アプリ
に登録する

Chromecastは、[Google Home] ア
プリで管理することができます。
Chromecastを [Google Home] アプ
リに登録すると、デバイスそのものの
管理はもちろん、Google Nest Audio
やGoogle Nest Hubなどと連携し
て、音声でChromecastを操作できる
ようになります。

⑤ Chromecastを利用する家を選択する

[Google Home] アプリが起動し、[家の選択]
画面が表示されるので、使用する家をタップし
て選択し [次へ] をタップします。

Chromecastの検出が開始される

[Google Home] アプリがChromecastの検出を開始します。

[Google Home] アプリとChromecastが接続される

Chromecastが検出され、接続が開始されます。

利用規約に同意する

Google利用規約とGoogle Play利用規約が表示されるので、内容を確認し、[同意する] をタップします。

1 内容を確認

2 [同意する] をタップ

使用する部屋を指定する

Chromecastを使用する部屋を選択し、[次へ] をタップします。

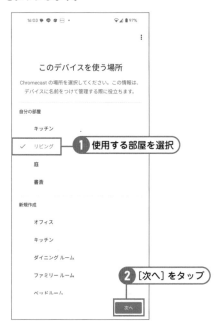

1 使用する部屋を選択

2 [次へ] をタップ

接続先のSSIDを指定する

SSIDの一覧が表示されるので、接続先となる
SSIDをタップし、[次へ] をタップします。

1 目的のSSIDをタップ

2 [次へ] をタップ

保存されたパスワードで接続を実行する

保存されたパスワードを使用する場合は、「この
Wi-Fiネットワークの…」をオンにし、[OK] を
タップします。

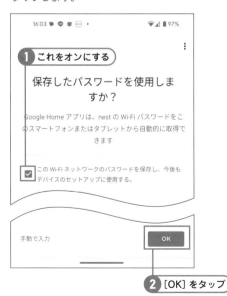

1 これをオンにする

2 [OK] をタップ

Wi-Fiへの接続が完了した

Wi-Fiへの接続が完了します。

Googleアカウントにログインする

[続行] をタップして記載されているGoogleア
カウントにログインします。

1 [続行] をタップ

14 本人確認を実行する

スマホで生体認証が実行され、本人確認が行われます。

15 ログインが実行される

本人確認が取れたら、Googleアカウントで Chromecastへのログインが実行されます。

16 サービスの有効/無効を選択する

[Chromecastの位置情報の使用]の内容を確認してオンにし、[Chromecastの改善にご協力ください]に協力していいと感じたらオンにして、上にスワイプして画面下部を表示します。

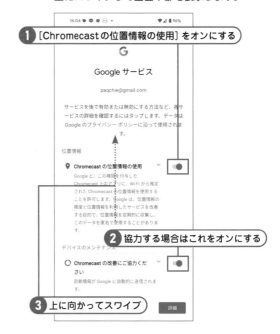

1 [Chromecastの位置情報の使用]をオンにする

2 協力する場合はこれをオンにする

3 上に向かってスワイプ

17 サービスの内容を承諾する

[カスタマイズ]と[おすすめ]、[アシスタント]の内容を確認し、[承諾]をタップします。

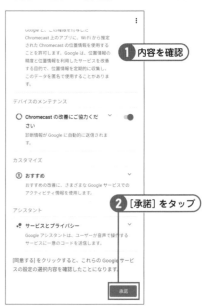

1 内容を確認

2 [承諾]をタップ

Googleアシスタントの設定を開始する

18

[続行] をタップしてGoogleアシスタントの設
定を開始します。

Google アシスタント

番組、映画、音楽など、なんでも音声で探せ
ます

1 [続行] をタップ

続行

複数のアプリを横断した検索結果の表示を許諾する

19

[許可] をタップして、アプリを横断した検索結
果の表示を許諾します。

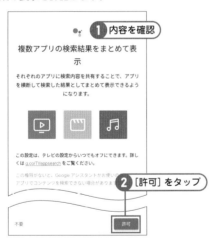

1 内容を確認

複数アプリの検索結果をまとめて表
示

それぞれのアプリに検索内容を共有することで、アプリ
を横断して検索した結果としてまとめて表示できるよう
になります。

この設定は、テレビの設定からいつでもオフにできます。詳し
くは g.co/TVappssearch をご覧ください。

この権限でも、Google アシスタントがお使いの
アプリでコンテンツを検索できない場合があります。

2 [許可] をタップ

不要   許可

チェック **複数アプリの検索結果を表示する**

Chromecastに　は、YouTubeやNetflix、Amazon
Primeなど複数のアプリをインストールでき、それら
のコンテンツを横断的に検索して、その結果を表示す
ることができます。手順19の図では、アプリを横断的
に検索し、その結果の表示を許可するかどうかを設定
できます。設定は後から変更することもできるので、
不要な場合は、画面左下の [不要] をタップします。

既存の設定をChromecastに適用する

20

[続行] をタップすると、同じ家に配置されてい
る他のデバイスでの設定がChromecastに反映
されます。

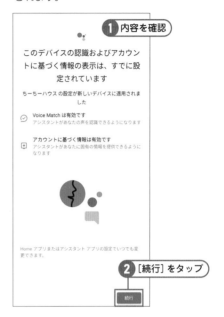

1 内容を確認

このデバイスの認識およびアカウン
トに基づく情報の表示は、すでに設
定されています

ちーちーハウス の設定が新しいデバイスに適用されま
した

Voice Match は有効です
アシスタントがあなたの声を認識できるようになります

アカウントに基づく情報は有効です
アシスタントがあなたに固有の情報を提供できるように
なります

Home アプリまたはアシスタント アプリの設定でいつでも変
更できます。

2 [続行] をタップ

続行

コンテンツサービスを指定する

21

検索の対象にするコンテンツサービスをオンに
し [次へ] をタップします。

1 目的のサービスをオンにする

サービスの選択

選択した内容は保存され、Google アカウントにログイ
ンした際のおすすめコンテンツの選定に使用されます

アプリがリストに掲載され、インストールされる仕組み
を確認する

YouTube   YouTube Music   Prime Video

Disney+   TELASA

2 [次へ] をタップ   次へ

ヒント **おすすめコンテンツに表示するサービ
スを選択する**

手順21の図では、Chromecastを起動した際に、おす
すめに表示するコンテンツを選出するサービスを指定
します。過去に検索したり、視聴したコンテンツの傾
向から、指定したサービスからユーザーにマッチした
作品をおすすめ画面に表示します。

背景画像を指定する

動画などが再生されていないときに表示される背景画像の種類を選択します。ここでは、[Googleフォト]を選択します。

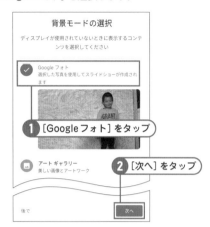

① [Googleフォト] をタップ

② [次へ] をタップ

 ヒント Googleフォトを背景画像に指定する

Chromecastでは、コンテンツが再生されていないときに、静止画が画面に焼き付かないようにスクリーンセイバーが再生されます。手順22の図では、スクリーンセイバーに表示する画像をChromecastに用意されているアートギャラリーとGoogleフォトのいずれかを選択できます。Googleフォトを選択すると、ユーザーがまとめたアルバムをスクリーンセイバーの映像として表示させることができます。

 アルバムを選択する

目的のアルバムをタップし、[次へ]をタップします。

① 目的のアルバムをタップ

② 「次へ」をタップ

 設定内容を確認する

設定した内容を確認し、[続行]をタップします。

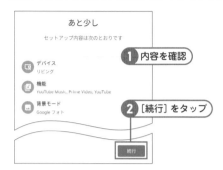

① 内容を確認

② [続行] をタップ

 Chromecastの設定を終了する

[完了]をタップしてChromecastの設定を終了します。

① [完了] をタップ

 リモコンの設定を開始する

以降テレビ画面の指示に従ってリモコンボタンを設定します。

Key Word ｜ Fire TV Stick の設定

18 Fire TV Stickでコンテンツ を楽しもう

Fire TV Stickは、Amazonが製造、販売している動画配信サービスを楽しめる小型の端末です。Amazonが運営するAmazon Primeをはじめ、huluやNetflixなどの動画配信サービスも利用できます。

Fire TV Stickとは

📖 メモ　Fire TV Stickとは

「Fire TV Stick」は、Amazonが製造・販売している、動画配信サービスのコンテンツをテレビで楽しめる小型の端末です。Amazonが運営しているAmazon PrimeをはじめHuluやNetflixといったサービスも利用できます。テレビに取り付けて、Wi-Fiに接続できれば、外出先でも気軽に映画やテレビ番組を楽しむことができます。

Fire TV Stickをセットアップする

1 リモコンとFire TV本体をペアリングする

1 Fire TV Stickをテレビに接続し、電源を入れるとこの画面が表示されるので、リモコンでホームボタンを押して、リモコンと本体をペアリングします。

Recherche de votre télécommande

Touchez ◎ pour jumeler

1 リモコンのホームボタンを押す

② リモコンの［再生／停止］ボタンを押す

リモコンで［再生／停止］ボタンを押します

② 続けてこの画面が表示されるので、リモコンで［再生／停止］ボタンを押します。

💡ヒント Fire TV Stickセットアップの流れ

Fire TV Stickを使えるようにするには、まずリモコンとFire TV Stick本体をペアリングし、使用言語を選択します。次に［Amazon Fire TV］アプリを起動し、Amazonアカウントにログインして、［Amazon Fire TV］アプリとFire TV Stick、リモコンを連携させることで、Wi-FiとAmazonアカウントの設定をFire TV Stickに追加します。

③ 使用言語に日本語を設定する

1 方向キーを押して［日本語］を選択

2 ［決定］ボタンを押す

③ 言語の一覧が表示されるので、方向キーを押して［日本語］を選択し、決定ボタンを押します。

④ スマホでカメラを起動する

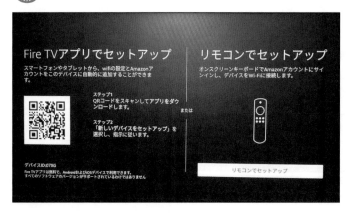

④ この画面が表示されるので、スマホのカメラ機能を起動します。

⑤ URLをタップする

カメラをテレビ画面上のQRコードに向けると表示されるURLをタップします。

⑥ [Amazon Fire TV] アプリをインストールする

[Google Play] アプリが起動し、[Amazon Fire TV] アプリのインストール画面が表示されるので、[インストール] をタップして、アプリをインストールします。

⚠ チェック [Amazon Fire TV] アプリと連携する

[Amazon Fire TV] アプリは、スマホからFire TVの画面を操作するためのアプリです。[Amazon Fire TV] アプリは、Wi-FiとAmazonアカウントの設定をFire TV Stickに追加し、アプリとFire TV Stickを連携させることで、アプリとデバイスの両方をセットアップします。[Amazon Fire TV] アプリを設定しておくと、リモコンが壊れたり、失くしたりしたときでも、アプリからFire TVを操作してコンテンツを楽しむことができます。

⑦ 通知の送信を許諾する

通知の許可を問うメッセージが表示されるので、[許可] または [許可しない] をタップします。

⑧ Amazonアカウントへログインする

[Amazon Fire TV] アプリへのログイン画面が表示されるので、Amazonアカウントのメールアドレスとパスワードを入力し、[ログイン] をタップします。

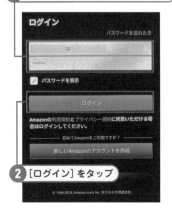

3

周辺機器をWi-Fiに接続する

Fire TV Stickの検出を実行する

Fire TV Stickの検出が開始されます。

デバイスのタイプを選択する

デバイスタイプの一覧が表示されるので、[Fire TV]をタップします。

1 [Fire TV]をタップ

位置情報の利用の設定画面を表示する

位置情報サービスをオンにする必要があるとのメッセージが表示されるので、[続ける]をタップします。

1 [続ける]をタップ

位置情報の利用を許諾する

[アプリの使用時のみ]をタップして、Fire TV Stickが位置情報にアクセスすることを許可します。

1 [アプリの使用時のみ]をタップ

周囲にあるデバイスの検出・アクセスを許諾する

[許可] をタップして、Fire TV Stick に周囲にあるデバイスの検出と接続、位置の特定を許可します。

1 [許可] をタップ

 Fire TV Stick が追加された

Fire TV Stick が追加されました。[続ける] をタップして、テレビの画面の指示に従ってリモコンの設定を行います。

1 [続ける] をタップ

 表示されたリモコンをタップする

[リモコンに接続] に表示されたリモコンをタップして、テレビに設定画面を表示します。

1 リモコンの名前をタップ

 Fire TV Stick を Amazon アカウントに登録する

リモコンの方向キーで [続ける] を選択し、決定ボタンを押すと、Fire TV Stick が表示されているアカウントに登録されます。

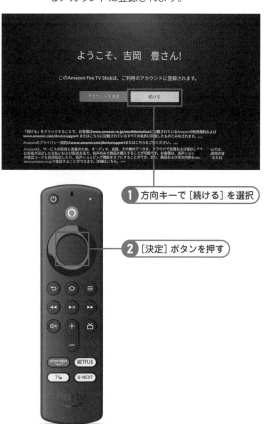

1 方向キーで [続ける] を選択

2 [決定] ボタンを押す

3

周辺機器を Wi-Fi に接続する

⑰ 画面のコードで認証を実行する

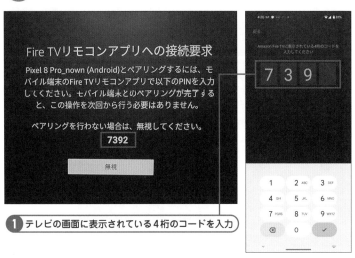

① テレビの画面に表示されている4桁のコードを入力

⑰ スマホとFire TV Stickをペアリングするためのコードが表示されるので、[Amazon Fire TV] アプリの画面にコードを入力します。

⑱ リモコンの設定画面を表示する

① リモコンの [決定] ボタンを押してリモコンの設定画面に進みます

⑱ [次へ] が選択されているのでリモコンで [決定] ボタンを押します。リモコンの定画面が表示されるので、画面の指示に従ってリモコンの設定を進めます。

> 💡 **ヒント** リモコンのボタンを設定する
>
> Fire TV Stickのリモコンでは、ボリュームを調節するボタンや電源ボタンが用意されています。コンテンツの再生の際に、これらのボタンが機能するかどうかをテレビの画面に表示された指示に従って確認します。

19 既存の家電を スマートホームにする

スマートホームは、スマート家電に買い替えなければ実現できない…と思っていませんか？スマートリモコンを配置すると、赤外線リモコンが付属している家電を遠隔操作できるようになります。既存の家電でスマートホームを作ってみませんか？

既存の家電をスマート家電にしてみよう

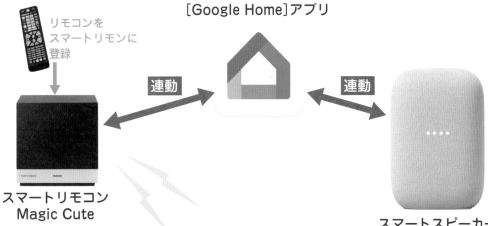

[Google Home]アプリ

リモコンをスマートリモンに登録

連動

連動

スマートリモコン
Magic Cute

スマートスピーカー
Google Nest Audio

テレビをつける

OK! Google!!
テレビをつけて

📖 **メモ** スマートリモコンとは

「スマートリモコン」は、家電や照明をスマホやスマートスピーカーから遠隔操作できるようにする機器です。スマホやスマートスピーカーからWi-Fiを介してリクエストを受信し、家電や照明に赤外線で動作を指示します。スマートリモコンのアプリに家電や照明のリモコンを登録することで、外出先からでも家電や照明のオン／オフだけでなく、テレビのチャンネル選択やエアコンの温度調整なども行えます。また、スマートスピーカーと連携させることで、音声による家電や照明の操作も可能になります。なお、ここでは、コヴィア社が販売しているマジックキューブを利用したスマートホーム構築の手順を紹介します。

［ORVIBO Home］アプリを起動する

［App Store］または［Google Play］アプリで
［ORVIBO Home］アプリを検索し、インストー
ルを実行して、アプリを起動します。マジック
キューブを電源に接続します。

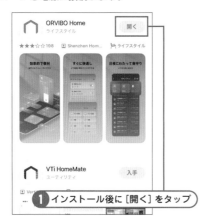

1 インストール後に［開く］をタップ

メモ　マジックキューブとは

「マジックキューブ」は、コヴィア社が販売しているス
マートリモコンで、［ORVIBO Home］アプリで家電や
照明の動作を制御します。［ORVIBO Home］アプリ
には、8000種類以上のリモコンが登録されていて、リ
モコン学習機能も搭載されています。なお、マジック
キューブは、2.4Ghz帯のWi-Fi(IEEE802.11 b/g/n)
にのみ対応しているため、注意が必要です。

プライバシー保護に関するガイドラインに同意する

［プライバシー保護に関するガイドライン］を確
認し、［同意する］をタップします。

1 内容を確認

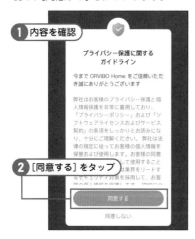

2 ［同意する］をタップ

通知の送信を許諾する

［許可］をタップして通知の送信を許諾します。
なお、通知を許可しない場合は、［許可しない］
をタップします。

1 ［許可］をタップ

［次へ］をタップする

［次へ］をタップして、操作を進めます。

1 ［次へ］をタップ

新規アカウント作成画面を表示します

ログイン画面が表示されるので、[今すぐ登録します] をタップします。なお、既存ユーザーは、メールアドレスとパスワードでログインします。

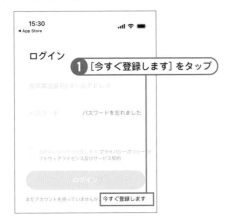

1 [今すぐ登録します] をタップ

チェック　セットアップの流れ

家電や照明をスマホで操作できるようにするには、[ORVIBO Home] アプリにマジックキューブを登録して、Wi-Fiで通信できるように設定し、マジックキューブにテレビや照明のリモコンを登録します。なお、[ORVIBO Home] アプリでは、メールアドレスによるユーザー登録が必要です。

アカウントを作成する

メールアドレスとパスワードを入力し、プライバシーポリシーとソフトウェアライセンス契約への同意をオンにして、[今すぐ登録します] をタップします。

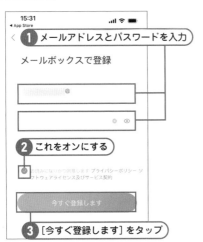

1 メールアドレスとパスワードを入力

2 これをオンにする

3 [今すぐ登録します] をタップ

メッセージを確認する

メールアドレスを登録すると、アラーム情報などをメールで受け取れるようになります。内容を確認したら、[続ける] をタップします。

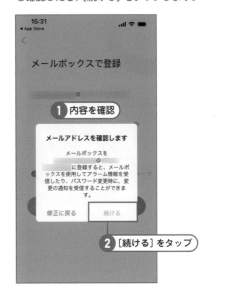

1 内容を確認

2 [続ける] をタップ

位置情報の使用を許諾する

[ORVIBO Home] アプリが位置情報を使用することを許諾する場合は、[アプリ使用中は許可] をタップします。許可しない場合は、[許可しない] をタップします。

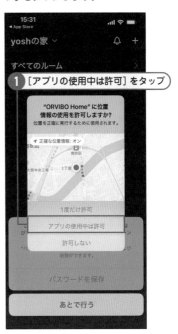

1 [アプリの使用中は許可] をタップ

アカウント情報を保存する

登録したメールアドレスとパスワードを保存する場合は、[パスワードを保存] をタップします。

1 [パスワードを保存] をタップ

マジックキューブをアプリに登録する

 [デバイスの追加] 画面を表示する

続いてこの画面が表示されるので、[デバイスの追加] をタップします。

1 [デバイスの追加] をタップ

 手動でのデバイス追加画面を表示する

下部のメニューで [手動追加] をタップします。

1 [手動追加] をタップ

 [スマートリモートコントロール] を選択する

[その他の] カテゴリーにある [スマートリモートコントロール] をタップします。

1 [スマートリモートコントロール] をタップ

マジックキューブを登録する

［マジックキューブ］をタップします。

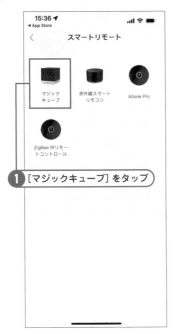

1 ［マジックキューブ］をタップ

マジックキューブをリセットする

この画面が表示されたら、マジックキューブの上面を赤色のランプが点滅するまで6秒以上押し続けます。

1 マジックキューブの上面を6秒以上押す

マジックキューブに接続する

［接続］をタップしてマジックキューブとの通信用Wi-Fi「HomeMate_AP」に接続します。

1 ［接続］をタップ

接続先のネットワーク情報を登録する

接続先となるWi-FiのSSIDを選択し、そのパスワードを入力して、［次へ］をタップします。

1 SSIDを選択

2 パスワードを入力

3 ［次へ］をタップ

アプリにマジックキューブが追加された

[完了] をタップしてマジックキューブの追加を
終了します。なお、機器名を変えたい場合は、
[命名したい機器名] をタップして名前を編集し
ます。

 [完了] をタップ

 [了解] をタップする

表示の内容を確認して、[了解] をタップします。

1 [了解] をタップ

カードを長押しすると、より多い操作ができます

ヒント　マジックキューブの名前を変更する

マジックキューブの名前を変更したいときは、手順17
の図の [命名したい機器名] の名前をクリックすると
編集可能になるので、任意の名前を付けます。

家電とリモコンを追加する

 マジックキューブの設定画面を表示する

続けてこの画面が表示されるので、[マジック
キューブ] のタイルをタップします。

1 [マジックキューブ] をタップ

 カテゴリーの一覧を表示する

下部の [追加] をタップし、追加デバイスのカテ
ゴリー一覧を表示します。

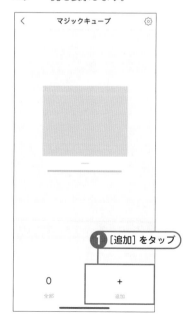

1 [追加] をタップ

③ 追加する機器のカテゴリーを指定する

追加する機器のカテゴリーをタップします。ここでは [テレビ] をタップします。

❶[テレビ] をタップ

④ メーカーの一覧を表示する

[登録リモコンから選択] をタップし、マジックキューブに登録されているリモコンのメーカー一覧を表示します。

❶[登録リモコンから選択] をタップ

⑤ 目的のメーカーを選択する

目的のメーカーをタップします。ここでは、[Mitsubishi] をタップします。

❶[Mitsubishi] をタップ

⑥ リモコンの動作確認を開始する

マジックキューブに登録されているリモコン画面が表示されるので、[パワー] をタップして、テレビが正しく動作するかどうかを確認します。

❶[パワー] をタップ

⚠️ **チェック** リモコンの動作を確認する

リモコンの動作確認画面では、[ORVIBO Home] アプリに登録されているリモコンを順番に動作確認し、ボタンが適切に動作するリモコンを登録します。まず、[パワー] ボタンをタップして電源のオン/オフを確認し、動作したら [応答あり] をタップして次のボタンの動作を確認します。ボタンが適切に動作しなかった場合は、[応答なし] をタップすると、次のリモコンに切り替わります。

適切に動作したボタンを登録する

正しく動作した場合は、[応答あり] をタップします。なお、適切な動作がなかった場合は、下部で [応答なし] をタップすると、次のリモコンが表示されます。

1 [応答あり] をタップ

応答なし　　応答あり

カスタムリモコンを設定する

アプリに登録されているリモコンをすべて試してもマッチするものがない場合は、カスタムリモコンを登録します。カスタムリモコンを登録するには、リモコンのマッチングに失敗した際に画面下部に表示される [カスタムリモコン] をタップし、カスタムリモコン登録画面を表示します。画面上で目的のボタンをタップし、機器のリモコンをマジックキューブに向けてタップしたボタンに該当するボタンを押して機能を登録します。

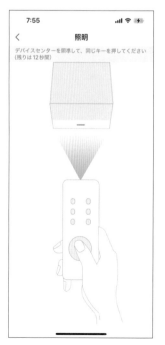

次のボタンの動作を確認する

動作確認が終わったボタンにはオレンジのマークが表示されます。次のボタンをタップして動作を確認し、正しく動作したら、[応答あり] をタップして、3つ以上のボタンの動作を確認します。

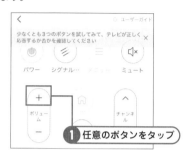

1 任意のボタンをタップ

ボタンの動作確認を完了する

ボタンの動作を確認出来たら、[完了しました] をタップします。

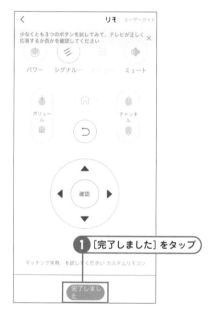

1 [完了しました] をタップ

リモコンの登録を完了する

画面左上にある [<] をタップして、リモコンの登録を完了します。

1 [<] をタップ

他の機器のリモコンを登録する

テレビのリモコンが登録され、この画面に戻ります。同様の手順で照明のリモコンを「ライト」という名前で登録しています。

スマホで操作できるようになった

[ORVIBO Home] アプリにリモコンを登録した家電や照明は、その時点でスマホから遠隔操作が可能になります。外出先などから家電や照明を遠隔操作する場合は、[ORVIBO Home] アプリを起動し、下部のメニューで [ホーム] をタップして、目的の家電のタイルをタップすると表示されるリモコン画面を利用します。

[Google Home] アプリと [ORVIBO Home] アプリを連携する

[Google Home] アプリで追加画面を表示する

[Google Home] アプリを起動し、下のメニューで [設定] をタップして、[+] をタップします。

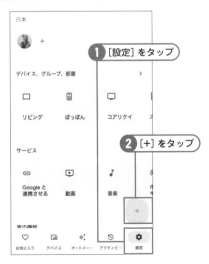

追加するサービスの設定画面を表示する

[追加] メニューが表示されるので、[サービス] をタップします。

音声で家電・照明を操作できるようにする

[ORVIBO Home] アプリを [Google Home] アプリや [Amazon Alexa] アプリと連携させると、スマートスピーカーを使って音声で家電や照明を操作できるようになります。ここでは、[Google Home] アプリと [ORVIBO Home] アプリを連携させて、Google Nest Hub や Google Nest Mini で家電や照明を操作できるように設定します。

Googleと連携させるサービス一覧を表示する

Google アシスタントやデバイスと連携させるサービスのタイプの一覧が表示されるので、[Googleと連携させる] をタップします。

連携させるサービスを指定する

連携の対象となるサービス一覧が表示されるので、上部の検索ボックスをタップし、「Home Mate」と入力して、検索結果で [Home Mate] をタップします。

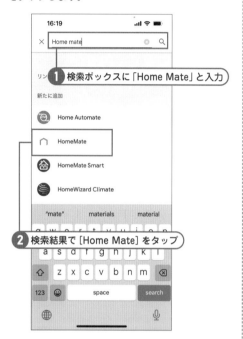

❶ 検索ボックスに「Home Mate」と入力

❷ 検索結果で [Home Mate] をタップ

[ORVIBO Home] アプリにログインする

[ORVIBO Home] アプリが起動し、ログイン画面が表示されるので、登録したメールアドレスとパスワードを入力して、[Sign In] をタップします。

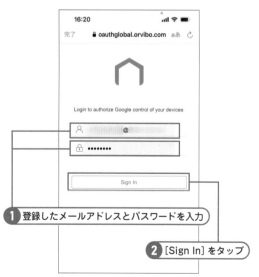

❶ 登録したメールアドレスとパスワードを入力

❷ [Sign In] をタップ

[Google Home] アプリと連携させる機器を指定する

登録した機器（ここでは [ライト]）をタップして選択し、[次へ] をタップします。

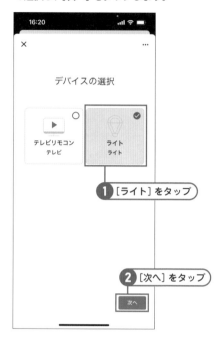

❶ [ライト] をタップ

❷ [次へ] をタップ

機器を設置している家を指定する

機器を設置している家をタップし、[次へ] をタップします。

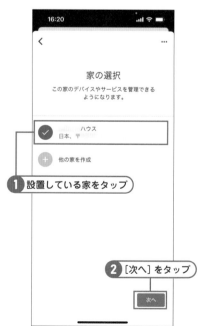

❶ 設置している家をタップ

❷ [次へ] をタップ

機器を設置している部屋を指定する

機器を設置している部屋をタップし、[次へ] を
タップします。

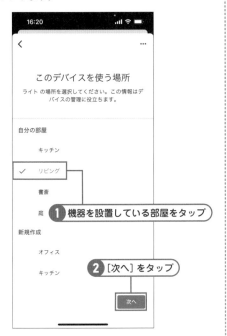

1 機器を設置している部屋をタップ

2 [次へ] をタップ

機器を設置している家を指定する

機器を設置している家をタップし、[次へ] を
タップします。

1 機器を設置している家をタップ

2 [次へ] をタップ

連携させる次の機器を指定する

この画面に戻るので、目的の機器をタップして
選択し、[次へ] をタップします。

1 機器をタップして選択

2 [次へ] をタップ

機器を設置している部屋を指定する

機器を設置している部屋をタップし、[次へ] を
タップすると、機器の連携が完了します。

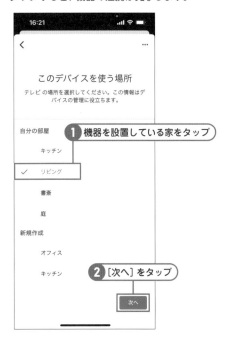

1 機器を設置している家をタップ

2 [次へ] をタップ

スマート家電とGoogle Homeを関連付けると、Google Nest（スマートスピーカー）に決まった一言を声かけるだけで、複数の家電を起動させたり、音楽を再生したりすることができます。例えば、「おはようございます」と声をかけると、ライトの点灯、天気予報の再生、テレビの再生といったことを自動で行えるようになります。「おはよう」や「いってきます」、「ただいま」、「おやすみ」など、さまざまなタイミングでルーティンを作成しておくと、生活がほんの少し楽になったり、わずらわしさが解消されたりします。

❶ [Google Home] アプリの下部で [オートメーション] をタップ

❷ [追加] をタップして、ルーティンを追加します

❺ ルーティンの開始条件を設定するとこの画面に戻るので [アクションを追加] をタップして、ルーティンのアクションを追加します

❸ ルーティンの対象（家族のメンバー/個人用）を選択

❹ タイトルを付けて、[開始条件を追加] をタップし、ルーティンの開始条件を設定します

❻ ルーティンのアクションを追加したら、[保存] をタップしてルーティンの設定を保存します

4章

Wi-Fi の通信を快適にする
テクニック

Wi-Fi の電波は、周波数によってさまざまな特性があります。周波数 2.4Ghz は、遮蔽物に強く、遠くまで届きますが、電子レンジや Bluetooth 機器などから電波干渉があります。5Ghz は、電波干渉はありませんが、遮蔽物に弱く遠くまで届きません。そのため、Wi-Fi ルーターの配置を変えるだけで、通信速度が見違えるほど速くなることもあります。また、Wi-Fi ルーターや LAN ケーブルが古いままだったために、通信速度が遅かったということもあります。Wi-Fi 機器を今一度見直して、適切な Wi-Fi 環境を作ってみましょう。

20 快適なWi-Fi環境を作ろう

インターネット通信は速ければ速いほどストレスを感じずに済みます。しかし、オンラインゲームを長時間毎日する人と、LINEでのメッセージのやり取りが中心の人とでは、必要な環境が大きく異なります。自分に合った環境を知っておくと良いでしょう。

快適な回線速度は目的によって決まる

インターネット通信で最も速度と容量が必要なのは、オンラインゲームです。オンラインゲームで回線速度が遅いと、タイムラグが発生し、ゲームの結果に影響を及ぼすため、回線速度は下りで30〜100Mbps必要といわれています。

しかし、動画を見るなら4K画質でも回線速度は20Mbps程度で十分です。ビデオ会議なら3〜15Mbps、Webブラウジングだけなら10Mbpsで事足ります。つまり、快適なWi-Fi環境はインターネットを使う目的によって異なります。普段Webブラウジングが中心でも4K動画を見ることもあるでしょう。そう考えると、回線速度は20Mbps程度あれば十分です。インターネット回線のプランやWi-Fiルーター、パソコンなど、目的に適しているか確認してみましょう。

オンラインゲーム ➡ 30〜100Mbps

4K画質動画視聴 ➡ 20〜30Mbps

オンライン会議 ➡ 3〜15Mbps

標準画質動画視聴 ➡ 5〜10Mbps

Webブラウジング ➡ 1〜10Mbps

メール・LINEなど ➡ 0,6〜1Mbps

おすすめはWi-Fi 6またはWi-Fi 6Eのルーター

快適なWi-Fi環境を構築するなら、Wi-Fi 6またはWi-Fi 6E対応のWi-Fiルーターをおすすめします。Wi-Fi 6/6Eルーターでは、理論値9.6Gbpsと超高速通信を実現しています。Wi-Fi 6対応ルーターは、Wi-Fi 5対応ルーターと価格的にそれほど変わらないため、Wi-Fiルーターを購入する場合はWi-Fi 6またはWi-Fi 6Eのものが良いでしょう。なお、Wi-Fi 6Eでは、6Ghz帯の電波が追加されています。6Ghzに対応した機器がない場合は、Wi-Fi 6を選びましょう。また、Wi-Fi 7はまだリリースされたばかりで、対応機器の種類も少なく高価です。急いで購入する必要はありません。

インターネット回線速度が遅くなる原因を知っておこう

　光回線なのにインターネットが遅く感じる…ということがあるかもしれません。それは、プロバイダーのせいかもしれませんし、Wi-Fiルーターのせいかもしれません。また、ちょうどその時、電子レンジが使用中で電波干渉があったのかもしれません。まずは、回線速度が遅くなる原因を知って、ひとつひとつチェックしてみましょう。

❶ Wi-Fiルーターの設置場所が悪い

　Wi-Fiの電波はWi-Fiルーターから遠くなるほど弱くなります。壁や床、家具などの障害物が多い場合も電波が弱くなります。また、水に吸収されやすい性質があるため、水槽や風呂などがそばにあると電波が弱くなることがあります。Wi-Fiルーターは、自宅の中心で床から1mくらいの高さがあり、見通しがいい場所に置きましょう。

❷ Wi-Fiに接続している機器の数が多すぎる

　Wi-Fiに接続している機器が多いと、Wi-Fiルーターに負荷がかかって、通信速度が遅くなることがあります。使用していない機器がある場合は、Wi-Fiとの接続を切ってWi-Fiへの接続数を減らしましょう。

❸電子レンジやBluetooth機器の電波が干渉している

Wi-Fiの2.4Ghz帯の電波は、遠くまで届きやすい特性がありますが、電子レンジやBluetooth機器などの電波干渉があります。Wi-Fiルーターを電子レンジのそばに設置すると、電子レンジ使用時に電波が切断した状態になってしまいます。Wi-Fiルーターの設置は、場所をよく確認してからにしましょう。

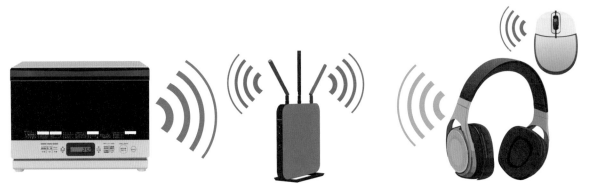

▲同じ2.4Ghz帯を使っている電子レンジやBluetooth機器の電波干渉で途切れやすい

❹回線プランとWi-Fiルーターの規格が合っていない

光回線の10ギガプランで契約していても、Wi-Fiルーターが古く通信速度が遅い機種では、本来の回線速度は出せません。Wi-Fiルーターを買い替える場合は、Wi-Fi 6またはWi-Fi 6E対応のモノにしましょう。

❺Wi-Fiに接続している機器のトラブル

インターネット回線とWi-Fiに問題がないのに、回線速度が遅いと感じてしまう場合は、Wi-Fiに接続している機器に問題がある可能性があります。この場合は、機器を再起動してみましょう。多くの場合は、機器の再起動で解決します。また、機器が古く処理速度が遅い場合もあるので確認してみましょう。

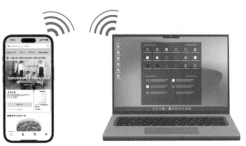

パソコンの処理速度が遅い!

21 今すぐできるWi-Fiの速度を上げるテクニック

Wi-Fiの電波は、"遮蔽物に弱い"、"金属や水に吸収されやすい"、"一定の距離までしか届かない"などの弱点があります。しかし、その条件をクリアにすることで、通信速度を改善できます。Wi-Fiルーターを電波が届きやすい配置に直してみましょう。

Wi-Fiルーターを自宅の中央に配置しよう

Wi-Fiルーターの電波は、360度に広がります。自宅の端の部屋に配置すると、強い電波の範囲が屋外にまで広がり、自宅の逆側の端まで電波が届かないという状態になってしまいます。また、マンションなどでは、近隣の電子レンジやBluetooth機器の電波が干渉しやすいというリスクも発生します。Wi-Fiの電波が自宅にまんべんなく届くように、Wi-Fiルーターは自宅の中央付近の見通しの良い場所に配置しましょう。

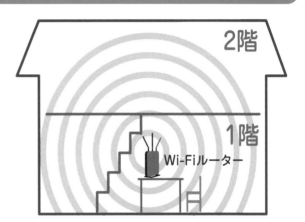

Wi-Fiルーターは隠さないで

Wi-Fiルーターを配置する場合、ONUなどの機器と配線がむき出しになってしまい、見映えがあまりよくありません。そのため、テレビの後ろや部屋の隅、カーテンの後ろなど、Wi-Fiルーターを物の陰に隠しがちです。Wi-Fiルーターを何かの陰に配置すると、それだけで電波を遮ることになり、通信速度が落ちてしまいます。Wi-Fiルーターは、見通しの良い場所に、見えるように配置することをお勧めします。

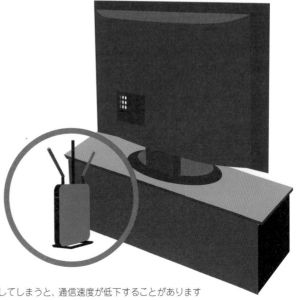

▲ Wi-Fiルーターを隠してしまうと、通信速度が低下することがあります

Wi-Fiルーターは床から1mほどの高さに配置する

　Wi-Fiルーターは、部屋の隅の床に置いてしまいがちです。部屋の隅の床に置くと、壁と床で3つ方向、電波を妨げてしまいます。また、2階建ての場合、1階の床に置くと2階まで電波が届かないケースもあります。それでは、届くはずの範囲に電波が届かなくなり、快適な通信ができません。Wi-Fiルーターは、床から1mほどの高さで、見通しの良い場所に配置しましょう。

電子レンジやBluetooth機器の近くは×

　電子レンジは2.4Ghz電磁波を放射するため、Wi-Fiの2.4Ghz帯の電波に干渉して通信が遮断されてしまいます。Bluetoothも2.4Ghzの電波を使って通信しているため、Wi-Fiの通信に干渉します。Wi-Fiルーターは、電子レンジがあるキッチンやBluetoothマウスが接続されているパソコンの部屋に配置すると、快適に通信できない可能性があります。Wi-Fiルーターは、これらの機器が使われていない場所に配置しましょう。

同じ2.4Ghz帯を使っている電子レンジやBluetooth機器の電波干渉で途切れやすい

水槽の近くや金属の棚の中は×

　Wi-Fiの電波は、水に吸収されやすいという特性があります。そのため、Wi-Fiルーターを水槽や花瓶など、水が入ったもののそばに配置すると、電波が弱くなってしまいます。本や土壁など水分を吸収しやすいものに遮られても同様の影響が出ます。また、アルミなどの金属は、電波を反射してしまい通しません。Wi-Fiルーターは、金属製の棚や本棚には配置しない方が良いでしょう。

パソコンやプリンターはWi-Fiルーターの近くに配置しよう

　Wi-Fiの電波は、Wi-Fiルーターから遠いほど弱くなります。快適にインターネットを利用するには、パソコンやプリンターをWi-Fiルーターから近いところに配置しましょう。また、接続するパソコンのOSのバージョンやメモリの容量などが適切かどうかを確認しましょう。古いパソコンの場合は、OSが新しいWi-Fiに対応できていない上に、CPUの処理が遅く、メモリが不足して結果として通信が遅く感じられます。この場合は、パソコンなどの機器の買い替えも検討しましょう。

Wi-Fiルーターを再起動してみよう

　Wi-Fiルーターが囲まれた場所に配置されている場合は、熱がこもって動作が遅くなることがあります。この場合は、Wi-FiルーターやONUの電源を切り、ケーブルを抜いて少し冷ましましょう。十分冷やしてからケーブルをつないで再起動すると、通信速度が速くなり、スムースな通信ができるようになります。

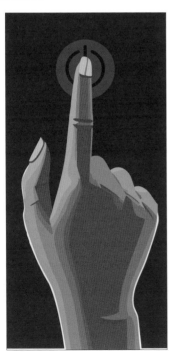

▲Wi-Fiルーターを再起動する通信速度が改善することがあります

接続する周波数を変更してみよう

　Wi-Fiの電波は、周波数によって特性が違います。2.4Ghzの電波は、壁などの遮蔽物にも強く遠くまで届きますが、電子レンジなどの電波干渉があります。5Ghzは家電の電波干渉はありませんが、遮蔽物に弱く届く範囲が狭いという特徴があります。通信が重いと感じたら、電波の種類を切り替えてみましょう。周波数を切り替えるには、スマホやパソコンのSSIDの選択画面で、2.4GHz帯または5GHz帯の周波数のSSIDを選択します。「●●●●●-a」は5GHzのIEEE802.11aを表し、「●●●●●-g」は2.4GhzのIEEE802.11gを表しています。

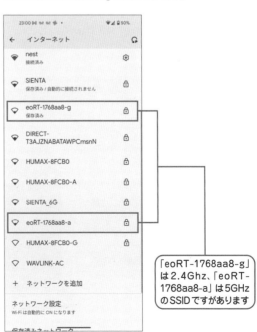

「eoRT-1768aa8-g」は2.4Ghz、「eoRT-1768aa8-a」は5GHzのSSIDですがあります

IPv6で接続してみよう

通信速度が遅いと感じたら、Wi-Fiルーターの管理画面でIPv6での通信に切り替えてみましょう。IPv6での通信では、「IPoE」での接続に加えて、IPv4での通信方式「PPPoE」でも接続できます。多くの機器はIPv4での接続のため、IPv6は空いていてストレスなく通信することができます。IPv6での接続に切り替えるには、Wi-Fiルーターの管理画面でIPv6の設定を有効にし、パソコンやスマホでIPv6での接続をオンにします。なお、IPv6での接続には、回線プラン、Wi-Fiルーター、パソコンやスマホなどの端末のすべてがIPv6に対応している必要があるため注意が必要です。

▶ IPv6接続には、Wi-Fiルーターの管理画面で変更できます

LANケーブルをCAT6A以上に変更する

通信速度が遅くなっている原因として見落とされがちなのは、LANケーブルの種類です。LANケーブルには、カテゴリ5〜8まで7段階のカテゴリがあり、最大通信速度と伝送帯域が異なります。カテゴリ5のLANケーブルは、最大通信速度が100Mbpsしかありません。せっかく光回線でWi-Fi 6対応のWi-Fiルーターを使っていても、ONUとWi-Fiルーター間のLANケーブルがカテゴリ5だと通信が遅くなってしまいます。LANケーブルには、カテゴリの番号が「CAT6A」のように印字されています。必要に応じて、LANケーブルを取り換えてみましょう。おすすめは、最大通信速度が10Gbpsのカテゴリ6A以上です。

カテゴリ	最大通信速度	伝送帯域
カテゴリ8	40Gbps	2000MHz
カテゴリ7A	10Gbps	1000MHz
カテゴリ7		600MHz
カテゴリ6A		500MHz
カテゴリ6	1Gbps	250MHz
カテゴリ5e		100MHz
カテゴリ5	100Mbps	

安定した高速通信が必要なときは有線で接続しよう

長時間オンラインゲームをじっくりしたいときは、パソコンとWi-FiルーターをLANケーブルで接続して楽しみましょう。有線LANを利用すると、電波干渉がなく安定している上に、Wi-Fiよりも高速で通信できます。ほとんどのWi-Fiルーターの背面には、LANケーブルを接続できるLANポートが用意されていて、パソコンとWi-Fiルーターをつなぐだけでインターネットを利用できます。安定した高速通信が必須な場合は、有線LANを利用しましょう。

▲ Wi-FiルーターとパソコンをLANケーブルで接続すると安定した高速通信ができます。

22 現状を見直してWi-Fiの通信を快適にする

Wi-Fiルーターの配置を変更したり、再起動したりするのは、通信速度改善の対処療法でしかありません。今後も長くWi-Fiを快適に使用するには、回線のプランを見直したり、Wi-Fiルーターを買い替えたりするなど、インフラの見直しが必要です。

インターネット回線のプランを見直そう

スマートホームを構築すると、ライトやテレビ、エアコン、見守りカメラなど、一気にWi-Fiに接続する機器が増えます。オンラインゲームをはじめたり、4K画質で映画を見るようになったりすると急激に通信容量が増えます。通信が遅くなったと感じたら、まずインターネット回線のプランを確認してみましょう。1ギガプランで、IPv6に対応していないときは、プランの変更を検討してもよいでしょう。IPv6対応のプランに変更するだけでも、通信速度はある程度改善されます。10ギガプランに変更する場合は、プラン対応エリアを確認します。また、プランの内容に合ったWi-Fiルーターが必要になり、スマホやパソコンもIPv6に対応している必要があるため注意が必要です。

● eo光ネットのプラン変更画面

Wi-Fiルーターを替えてみよう

インターネット回線のプランが10ギガでも、Wi-Fiルーターが高速通信に対応できない機種なら通信速度は上がりません。Wi-Fiルーターを買い替えるなら、最高通信速度が「9.6Gbps（理論値）」のWi-Fi 6またはWi-Fi 6E対応の機種がおすすめです。Wi-Fi 6/ 6Eには、多くのパソコンやスマホが対応していて、通信速度が上がったことを実感できるでしょう。また、Wi-Fi 6E対応のルーターなら、周波数に6Ghzが追加されているため、高速通信が可能なうえ繋がりやすく長く使えるでしょう。

● BUFFALO　Wi-Fi 6E対応Wi-Fiルーター
　「WXR-11000XE12」

Wi-Fiルーターの規格に合った環境を整えよう

Wi-Fi 6対応のWi-Fiルーターに買い替えたのに、思ったほど速くならないときは、パソコンがWi-Fi 6に対応していない可能性があります。その場合、パソコンはWi-Fi 5以下の規格の速度でしか通信できません。Wi-Fi 6に対応したパソコンに買い替えるのが理想ですが、高価な上ファイルの移動や設定などで時間と労力がかかります。こういったケースでは、Wi-Fi 6に対応したWi-Fi子機を購入すると良いでしょう。USB接続するだけで、かんたんにパソコンをWi-Fi 6対応にすることができます。iPhoneでは、iPhone 11シリーズ、iPhone SE（第二世代）以降、AndroidスマホではGalaxy 20、Xperia 1 II、Pixel 6シリーズ以降がWi-Fi 6に対応しています。

● BUFFALO Wi-Fi 6E対応子機「WI-U3-2400XE2」

メッシュWi-Fiを取り入れよう

自宅の間取りによっては、Wi-Fiの電波が隅々にまで届かないケースがあります。中継器を設置する方法もありますが、Wi-Fiルーターの負荷は変わらず、通信速度が低下する場合もあります。自宅の隅々にまでWi-Fiの電波を行き渡らせたい場合は、「メッシュWi-Fi」を利用しましょう。メッシュWi-Fiは、Wi-Fiルーターと複数のサテライトルーターを設置し、それらが網目状（メッシュ状）に繋がりあうことで電波の死角をなくすことができる通信形態です。また、通信経路でトラブルが起こっても、別のサテライトルーターに迂回して通信の安定を維持できます。Wi-Fiアライアンスが「Wi-Fi Easy Mesh」という標準規格を発表し、この規格に準拠したWi-Fiルーターはサテライトルーターとしても利用でき、簡単にメッシュWi-Fiを構築できます。

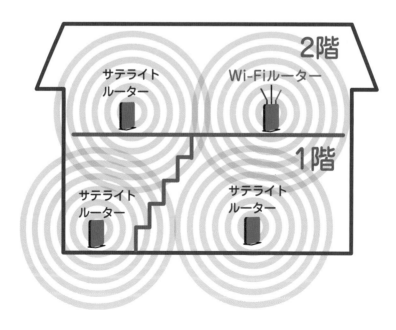

5章

Wi-Fi の設定とセキュリティ
で自己防衛

自宅のインターネット環境は、ユーザー自身が責任をもって守らなければなりません。特に Wi-Fi は無線での接続を担っているため、狙われやすいというリスクがあります。しかし、Wi-Fi ルーターには、さまざまなセキュリティ機能が用意されていて、専門知識がないユーザーでも簡単に設定できるようになっています。Wi-Fi ルーターのセキュリティ機能を確認して、まさかの事態に備えましょう。

23 Wi-Fiの危険について知っておこう

Wi-Fiは電波を使った通信のため、不正にアクセスされたり、データが漏洩したりする危険が潜んでいます。また、ウイルス感染やWi-Fiへのタダ乗りなどの被害も多く報告されています。まずは、Wi-Fiがどのような危険にさらされているのか確認しましょう。

インターネットからの不正な侵入

企業や政府のサーバーへの大規模なハッキングは、遠い場所で起こっていることだと思っていませんか。実は、セキュリティレベルが低い個人のパソコンやスマホは、ハッカーにとって格好の標的です。デバイスを乗っ取られたり、なりすましされたりして、重要な情報を抜き取られることがあります。古いWi-Fiルーターを使い続けていたり、単純なSSIDのパスワードを変更しないままでいたりすると、簡単に侵入を許してしまいます。Wi-Fiルーターやセキュリティソフトなどを見直して、防御を固めましょう。また、SSIDのパスワードをはじめ、さまざまなアプリやサービスのパスワードも複雑で長いものに変更した方が良いでしょう。

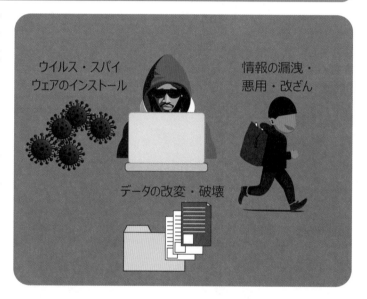

ウイルス・スパイウェアのインストール

情報の漏洩・悪用・改ざん

データの改変・破壊

データの漏えい

Wi-Fiへの不正アクセスで、最も深刻な被害のひとつが個人情報を含むデータの漏えいです。住所や電話番号、クレジットカード情報などが抜き取られると、クレジットカードの不正使用や個人情報の売買、窃盗などの直接犯罪に巻き込まれる可能性が高くなります。データの漏えいを防ぐためにも、Wi-Fiに暗号化を設定し、パソコンやスマホにセキュリティソフトをインストールしてセキュリティを高めましょう。

個人情報
パスワード
カード番号など

情報いただき！

ウイルスやボットの感染

　Wi-Fiへの不正アクセスで相変わらず大きな脅威となっているのが、パソコンやスマホのウイルスやボット感染です。パソコンやスマホが、ウイルスに感染すると、ファイルが破壊されたり、情報が漏洩したりします。また、ボットに感染すると、パソコンが遠隔操作され、ウイルスをまき散らしたり、カメラやマイク機能が盗撮・盗聴に使われたりして、気付かないうちに加害者になる可能性もあります。ウイルスやボットへの感染を予防するには、パソコンやスマホにセキュリティソフトをインストールし、Wi-Fiのセキュリティを高めるしかありません。

Wi-Fiへのタダ乗りの危険性

　「Wi-Fiのタダ乗り」は、許可なくWi-Fiにアクセスし、インターネットを勝手に利用することです。Wi-Fiのタダ乗りは、単純にインターネットを勝手に使われるだけでなく、ウイルスに感染させられたり、ファイルやデータの破壊、個人情報の漏洩などを引き起こしたりしかねません。Wi-Fiは電波のため、屋外からでもアクセスできます。Wi-Fiのタダ乗りを防ぐには、SSIDのパスワードを複雑で推測できないものに変更し、データの暗号化を設定してセキュリティを強化しましょう。

24 通信の暗号化について理解を深めよう

Wi-Fiルーターには、不正アクセスからデータを守るために、通信の暗号化機能が用意されています。暗号化機能には、WEP、WPA、WPA2、WPA3の4種類があり、セキュリティの強度が異なります。

Wi-Fiのセキュリティの基本は暗号化

Wi-Fiネットワークにアクセスする際、目的のSSIDを指定して、パスワードを入力します。このパスワードは、Wi-Fiネットワークへのアクセスを可能にすると同時に、データを暗号化/復号化できる暗号化キーでもあります。Wi-Fiは電波を介してデータを送受信するため、主に通信を暗号化することで不正なアクセスやデータの漏洩を防いでいます。Wi-Fiの暗号化規格には、WPA3、WPA2、WPA、WEPなどがあります。

通信するには暗号化キーが必要

リリース年	暗号化規格	セキュリティ
2018年	WPA3	高
2004年	WPA2	
2002年	WPA	
1999年	WEP	低

WEPはもはや時代遅れに…

「WEP」は、「Wired Equivalent Privacy」の略で、1999年に導入された最初の暗号化規格です。WEPでは、データを暗号化することで、不正アクセスに対してその内容を秘匿したまま送受信することができます。ところが、WEPでは、固定された暗号化キーを登録する暗号化方式のため、暗号化キーが見破られれば簡単に不正アクセスを許してしまう弱点がありました。PCの計算能力が上がるにつれて、ハッカーなどがWEPの脆弱性を攻撃する事例が急増したため、2004年に廃止が発表され、その使用は推奨されていません。しかし、2024年現在でもWEPセキュリティを使い続けているユーザーがおり、セキュリティ機能更新の啓蒙と対策が求められています。

● WEP

▲固定キーで暗号化できますが、暗号化キーを見破れば簡単に不正侵入できます

WPA

「WPA」は「Wi-Fi Protected Access」の略で、WEPに置き換わる暗号化規格として2003年から導入が開始されました。WPAでは、通信を実行するたびに、暗号化キーを変更できるようにした「TKIP（Temporal Key Integrity Protocol）」という暗号化方式を採用しました。TKIPでは、暗号化キーが短時間で変更されるため、たとえ暗号化キーを見破られても、次の通信では使用できず、高い安全性が確保できます。しかし、WPAの脆弱性が露呈して、通信中も暗号化キーが変化する暗号化方式「CCMP（Counter Mode Cipher Block Chaining Message Authentication Code Protocol）」が導入されました。WPAには暗号化方式がTKIPのものとCCMP（AES）のものがありますが、CCMP（AES）を設定しましょう。

● TKIP

▲暗号化キーを短時間で変更し、高い安全性を確保します

WPA2

「WPA2」は、2004年に登場したWPAのアップグレードバージョンです。WPAの脆弱性を克服し、常に暗号化キーが変化する暗号化方式に「CCMP」が導入されています。「CCMP」は、データを分割し、置換・並べ替えを繰り返すアルゴリズム「AES（Advanced Encryption Standard）」をベースにし、強固なセキュリティを実現しています。なお、WPA2を表記する際、暗号化方式の「CCMP」ではなく暗号化アルゴリズムの「AES」と記載されています。

● **WPA2**

▶通信中でも暗号化キーが常に変化することで、安全性を高めます

WPA3

「WPA3」は、2018年に登場した新しい暗号化規格です。WPA3では、WPA2で発見された「KRACKs」と呼ばれる脆弱性を「SAE（Simultaneous Authentication of Equals）ハンドシェイク」技術で解消しています。SAEハンドシェイクは、暗号化キーが見破られても通信内容を暗号化して解読不能にすることができます。そのため、覚えやすい簡単なパスワードを設定することも可能になり、セキュリティの向上とともに利便性も向上しています。また、デバイスとWi-Fiルーター間の通信内容を暗号化できるため、フリーWi-Fiのセキュリティレベルも向上させることができます。

● **WPA3**

暗号化キーが見破られても
通信内容は暗号化され保護される

リリース年	暗号化規格	暗号化方式	暗号化アルゴリズム	セキュリティ	
2018年	WPA3	CCMP	AES	↑	高
2004年	WPA2	CCMP	AES		
		TKIP	RC4		
2002年	WPA	CCMP	AES		
		TKIP	RC4		
1999年	WEP	WEP	RC4		低

Wi-Fiルーターの暗号化機能を確認しよう

① Wi-Fiルーターの管理画面を表示する

1 管理画面のURLを入力

2 キーボードで [Enter] キーを押す

① Webブラウザーを起動し、アドレスバーにWi-Fiルーターのマニュアルに記載されたWi-Fiルーターの管理画面のURLを入力し、キーボードで[Enter] キーを押します。なお、ここではTP-LINKのルーターの場合で解説します。

② 管理画面にログインする

1 ローカルパスワードを入力

2 [ログイン] をクリック

② 管理画面のローカルパスワードを入力し、[ログイン] をクリックします。

③ 暗号化規格と暗号化方式を確認する

1 [ワイヤレス] を選択

2 [セキュリティ] で暗号化規格と方式を確認

③ 上部のメニューで [ワイヤレス] をクリックし、表示される画面で [セキュリティ] に設定されているWPAのバージョンと暗号化方式を確認します。

25 セキュリティ強化のために やるべきコト

Wi-Fiルーターのセキュリティ機能は、通信の暗号化機能だけではありません。Wi-Fiルーターのファームウェアを常に最新の状態に保つこともセキュリティに繋がります。セキュリティ強化のためにやっておきたいコトをチェックしてみましょう。

Wi-Fiルーターのファームウェアを最新にしよう

▲ファームウェアの自動更新機能はオンにしておきましょう

⚠ チェック ファームウェアを更新しよう

「ファームウェア」は、Wi-Fiルーターなどの機器を起動・動作させるためのソフトウェアです。Wi-Fiルーターにもファームウェアが搭載されていて、機能が追加されたり、修正されたりすると、インターネットを経由して配信されます。ほとんどのWi-Fiルーターには、ファームウェアを自動更新する機能が用意されています。

ファームウェアの自動更新機能はオンにしておきましょう

●BUFFALO「WXR18000BE10P」

▲Wi-Fi 6E対応のフラッグシップモデルです

⚠ チェック 古いWi-Fiルーターは買い替えよう

Wi-Fiの機能や規格は、日々進化しています。それと同時に、ハッカーなどの不正アクセスの技術も進化しています。Wi-Fiルーターを5年以上使い続けている場合は、新しいルーターへの買い替えをお勧めします。古いWi-Fiルーターでは、対応しているWi-Fiの規格や暗号化規格のバージョンも古いままで、ハッカーや悪意のある第三者の標的になりかねません。Wi-Fiルーターは最新のWi-Fi 7ものは、高価なうえに対応している機器もまだ少ないため、Wi-Fi 6EやWi-Fi6対応のルーターを購入することをお勧めします。

　Wi-Fiルーターには、WAN側（インターネットに接続している側）とLAN側（パソコンなどの端末と接続している側）それぞれのセキュリティを高める機能が用意されています。WAN側のセキュリティ機能は、主にインターネットからの不正な通信の侵入を拒むものです。Wi-Fiルーターに搭載されているセキュリティ機能は、メーカーや機種によって異なります。また、同じ機能でも名称が異なることもあります。Wi-Fiルーターを購入する際には、セキュリティ機能の内容を確認しましょう。

●パケットフィルタリングを有効にしよう

> **📖メモ　パケットフィルタリングとは**
>
> 送受信するために細切れにされたデータ（パケット）を特定のルールに基づいて検査し、整合性を確認する機能です。不正と判断されたパケットを破棄し、不正なアクセスを防ぐことができます。フィルタの条件には、「種別」、「方向」、「プロトコル」、「送信元IPアドレス」、「送信元ポート番号」、「宛先IPアドレス」などが設定できます。

●SPIファイアウォールを有効にしよう

> **📖メモ　SPIファイアウォールとは**
>
> 「SPI」は、「Stateful Packet Inspection」の略で、送受信するために細切れにされたデータ（パケット）を特定のルールに基づいて検査し、整合性を確認する機能です。適切でないパケットは、破棄されるため、不正なデータの侵入を防ぐことができます。SPIではポート番号や宛先に加えてパケットの状態をチェックして判断するため、通常のパケットフィルタリングよりもセキュリティを高めます。なお、SPIファイアウォールは、Wi-Fiの管理画面で設定します。

LAN側のセキュリティを高めよう

LAN側のセキュリティ機能では、Wi-Fiネットワークに接続できる端末を制限できるMACアドレスフィルタリングや特定のSSIDをWi-Fiの一覧で非表示にするSSIDステルス機能など、ネットワークへの接続を管理するものが多く用意されています。しかし、これらの機能は、接続を制限するだけで、対処法を知っているユーザーにはあまり意味がありません。

●特定の端末しか接続できないようにする

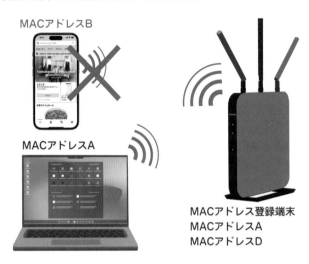

MACアドレスB

MACアドレスA

MACアドレス登録端末
MACアドレスA
MACアドレスD

●Wi-Fiネットワークを隠してみよう

SSIDを非表示にするとSSIDの一覧から
目的のSSIDの表示が消えてしまいます

🔑 Key Word 公共の Wi-Fi での注意点

26 外出先のWi-Fiで気を付けること

カフェやホテルなど公共のWi-Fiは、誰でも使える自由度は高いものの、それだけにウイルス感染や情報の漏洩などの危険性が潜んでいます。公共のWi-Fiは、パスワードの設定がある信頼度の高いネットワークを利用しましょう。

キャリアのWi-Fiが安心

キャリア	スポット名	暗号化方式	条件
au	au Wi-Fi SPOT	WPA2	auの回線の契約者でau Payまたはauスマートパスプレミアムの会員
docomo	d Wi-Fi	WPA2	dポイントクラブ会員であること。無料
Softbank	ソフトバンクWi-Fiスポット	SSL+VPN	ソフトバンク回線の契約が必要
楽天モバイル	楽天モバイルWiFi by エコネクト	WPA2	サービス料398円（税込）が必要

📖 メモ ▶ 外出先のWi-Fiなら断然キャリア

NTT docomoやSoftbank、auなどのキャリアは、さまざまな場所にWi-Fiスポットを展開しています。キャリアのWi-Fiスポットには、セキュリティがしっかり設定されていて安心です。駅前や商店街などにあるキャリアのショップ、ファーストフード店や公共交通機関、カフェ、レストランなどにもキャリアのWi-Fiスポットが設置されています。なお、Wi-Fiスポットの利用には、各キャリアで条件が設定されています。キャリアによっては有料の場合があるので確認が必要です。

フリーWi-Fiを安全に利用しよう

「フリーWi-Fi」は、駅やカフェ、ホテルなどで利用者に提供される無料のWi-Fiネットワークで、「公衆Wi-Fi」や「無料Wi-Fi」などともよばれています。多くの場合、店内に掲示されているSSIDとパスワードでWi-Fiネットワークに接続します。フリーWi-Fiには、普段から使い慣れている人ほどトラブルに見舞われる傾向があります。フリーWi-Fiに潜む危険性を確認し、トラブルを予防しましょう。

●フリーWi-Fiに潜む危険性

①クレジットカード情報や個人情報が抜き取られる
②ウイルスやボットに感染する
③偽サイトに誘導される
④ハッキングされる

新規Wi-Fi接続時に確認メッセージを表示させる（iPhone）

[Wi-Fi] 画面を表示する

[設定] 画面を表示し、[Wi-Fi] をタップして [Wi-Fi] 画面を表示します。

[接続を確認] 画面を表示する

[接続を確認] をタップして、Wi-Fiに接続する際の動作を設定する画面を表示します。

新規Wi-Fi接続時にメッセージを表示させる

[確認] をタップして、接続したことがない Wi-Fiに接続する際には確認のメッセージを表示します。

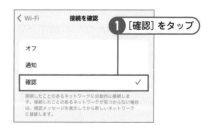

Wi-Fiへの自動接続機能を無効にしよう

スマホでWi-Fiへの自動接続機能を有効にしていると、接続可能なWi-Fiネットワークに自動的に接続することができます。この場合、パスワードが設定されていないWi-Fiに自動的に接続したり、他の端末から不正に侵入されたりする可能性があります。覚えのないWi-Fiに繋がっている場合には、接続を切り、自動接続機能をオフにしましょう。

Wi-Fiへの自動接続を無効にする（Android）

 ［ネットワークとインターネット］をタップする

［設定］画面を表示し、［ネットワークとインターネット］をタップします。

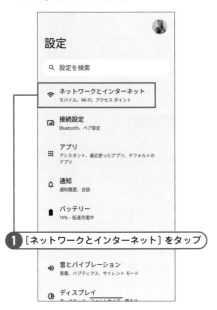

 ［インターネット］画面を表示する

［インターネット］をタップして、［インターネット］画面を表示します。

 ［ネットワーク設定］画面を表示する

下部にある［ネットワーク設定］をタップします。

 Wi-Fiへの自動接続をオフにする

［Wi-Fiを自動的にONにする］をタップして、オフにします。

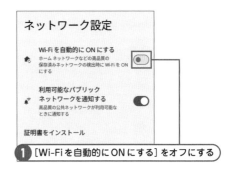

ヒント　むやみに接続しないようにしよう

フリーWi-Fiを探していると、ときどき鍵のアイコンが表示されていないSSIDがあります。これは、パスワードが設定されていないフリーWi-Fiで、誰でも接続可能な状態です。ラッキーとばかりに接続すると、悪意のある第三者に個人情報を抜き取られるなどの被害に合うことがあります。Wi-Fiネットワークにはやみくもに接続せず、まずはWi-Fiの提供者を確認しましょう。

5

Wi-Fiの設定とセキュリティで自己防衛

フリーWi-Fiは、街のいたるところにありますが、探して歩くのは大変です。フリーWi-Fiを利用したいときに便利なのが、フリーWi-Fiアプリです。GMOの [タウンWi-Fi] アプリやNTT Broadband Platform Inc.の [Japan Wi-Fi auto-connect] アプリなどがあり、地図上でWi-Fiスポットを探したり、通信速度を確認したりすることができます。また、auやNTT docomoなど通信キャリア各社も専用アプリを提供しているので、合わせて利用すると安全でかんたんにフリーWi-Fiを活用できます。

● [タウンWi-Fi] アプリ

◀フリーWi-Fiスポットが地図
　上に表示されます

◀フリーWi-Fiに接続するだけ
　でポイントを集められます

● [Japan Wi-Fi auto-connect] アプリ

● [au Wi-Fiアクセス] アプリ

◀キャリアのWi-Fiスポットで
　は、VPN接続もできて安全
　にWi-Fiを利用できます

6章

Bluetooth（ブルートゥース）とは？

スマホとワイヤレスイヤホンは、多くの場合 Bluetooth という無線通信で接続されています。Bluetooth は、とても身近な無線通信規格ですが、バージョンやプロファイルによる違いはあまり知られていません。この章では、Bluetooth の概要とその使い方を解説します。

27 Bluetooth の基礎知識

> Bluetoothは、「ブルートゥース」と読み、近距離にあるデジタル機器を接続する無線通信規格のひとつです。スマホとワイヤレスイヤホン、パソコンとマウスなど、Bluetoothで接続される機器も多く、身近な無線通信規格です。

Bluetooth とは

「Bluetooth」は、スマホとワイヤレスイヤホンなど近距離にあるデジタル機器を接続する無線通信規格です。10m以内にあるデジタル機器を接続し、通信容量は小さいですが、マウスやイヤホンなど長時間使用する機器の接続に長けています。まずは、Bluetoothの概要を確認し、Bluetooth機器の選択の参考にしましょう。

● Bluetooth のロゴマーク

● ワイヤレスイヤホン

▲ケーブルのわずらわしさから解放され、どこでも気軽に音楽を楽しめます

● ワイヤレスマウス

▲省電力で長期間の使用にも耐えられます

バージョンによって何が違うの

　1999年にBluetooth 1.0が発表され、以降通信速度や通信範囲を広げながら、2023年にはBluetooth 5.4が発表されています。Bluetoothは、4.0にバージョンアップする際に通信方式が新しくなったことで、Bluetooth 3.0以前とは互換性がなく接続できません。また、Bluetooth 4.0以降は、異なるバージョン同士でも通信できますが、通信速度や容量がバージョンの低い方に合わせられるので、接続する機器間のバージョンは合わせた方が良いでしょう。Bluetooth 5.0以降に対応した製品の利用をおすすめします。

発表年	バージョン	改良点・追加機能
2001年	ver 1.1	規格が安定し広く普及したバージョン。
2003年	ver 1.2	2.4GHz無線LAN(IEEE 802.11/b/g)との干渉対策機能を搭載
2004年	ver 2.0+EDR	高速化機能EDR (Enhanced Data Rate) を搭載
2007年	ver 2.1	ペアリングが簡略化され近距離無線通信のNFC(Near Field Communication)に対応。
2009年	ver 3.0	IEEE802.11規格を利用することで約24Mbpsとデータ転送速度を高めた
2009年	ver 4.0	転送データをシンプルかつ最小限に抑制し、大幅な低消費電力化を実現。
2013年	ver 4.1	省電力機能がさらに発展
2014年	ver 4.2	セキュリティの強化と転送速度の高速化。
2016年	ver 5.0	Ver.4.0に比べて、データ転送速度が約2倍、通信範囲が約4倍に向上
2019年	ver 5.1	方向探知機能が追加された
2020年	ver 5.2	LE Audio規格が追加された
2021年	ver 5.3	LE Audio規格が改良された
2023年	ver 5.4	電子棚札(ESL)に対応

Bluetooth 5.1

Bluetooth 5.3

バージョンが低い方の性能に合わせて通信する

プロファイルって何？

Bluetooth機器には、Bluetoothでできることのルールを定めた「プロファイル」が用意されていて、接続する機器の双方に同じプロファイルが必要です。例えば、ワイヤレスイヤホンには、音楽再生のために必要なプロファイル「A2DP」と音楽再生に関する操作を行うためのプロファイル「AVRCP」の2つが用意されていて、イヤホン側とスマホ側の両方にこのプロファイルがなければ、音楽を再生・操作することができません。

●主なプロファイル

略称	正式名称	機能	対応機器
HFP	Hands-Free Profile	ヘッドセットなどでのハンズフリー通話や発着信などの操作を行なうためのプロファイル。	ヘッドセット・スマートフォン・PC・カーナビなど
HSP	Headset Profile	ヘッドセットでの音声入出力を行なうためのプロファイルで、接続・通話は可能。発着信機能は「HFP」への対応が必要。	ヘッドセット・スマートフォン・PCなど
HID	Human Interface Device Profile	キーボードやマウスを使用するためのプロファイル。	マウス・キーボードなど
A2DP	Advanced Audio Distribution Profile	ステレオ音質のオーディオデータを伝送するプロファイル。	イヤホン・ヘッドセットなど
AVRCP	Audio/Video Remote Control Profile	AV機器をリモコンやヘッドセットで操作するためのプロファイル。	オーディオ・ビデオ機器など
FTP	File Transfer Profile	パソコン、デバイス間でファイル転送を行なうためのプロファイル。	パソコン・スマ小など

●ソニー ワイヤレスイヤホン「WF-1000XM5」のスペック表

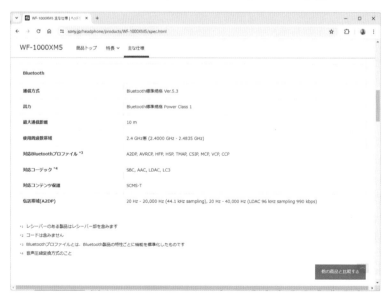

▲スペック表には対応するBluetoothのバージョンとプロファイル、コーデックなどが明記されています

コーデックって何？

　Bluetoothの「コーデック」とは、音声データの圧縮する方式のことです。スマホで送信された音楽をそのまま送信するとデータ量が大きくてタイムラグができてしまいます。音声データをイヤホンに送る際に圧縮し、受信側で展開するのがコーデックです。コーデックには、音質、遅延、圧縮効率などが異なるさまざまなコーデックがあります。Bluetoothオーディオ機器には、標準オーディオコーデックの「SBC」が必ず用意され、オプションにiPhoneやiPadで利用される「ACC」やソニーが開発した高音質の「LDAC」、サムスン独自の「Samsung Scalable Codec」などがあります。

コーデック：AAC　　　コーデック：AAC

スマホで圧縮・送信
されたデータを
イヤホン側で
展開して音にする

●主なコーデック

コーデック名	特徴
SBC	Bluetoothオーディオの標準コーデック。遅延性は比較的高い。
AAC	iPhoneやiPadなどアップル製品で採用されている高音質コーデック。
aptX	SBCやAACより高音質・低遅延。
aptX LL	高音質かつ遅延が少ない。
aptX HD	24bit/48kHzに対応した高音質コーデック。低遅延。
aptX Adaptive	高音質・低遅延・接続安定性を実現したコーデック。
LDAC	SONYが開発した最大24bit/96kHzに対応した高音質コーデック。
Samsung Scalable Codec	サムスン独自のコーデックで、高音質・接続安定性を実現。
HWA	Huaweiが開発した高音質・低遅延コーデック。
UAT	Hiby Music独自のコーデックで24bit/192kHzの超高音質。
LC3	SBCの約半分のビットレートで高品質な音質を提供できる次世代型コーデック。

クラスって何？

Bluetoothは、電波強度によって4つのクラスに分けられています。「Class 1」は、最大出力「100mW」で最大通信距離が約100ｍと、屋外で使われるスピーカーやマイクなどに使われています。「Class 1.5」の最大出力は10mWで、最大通信距離が約10ｍと、スマホとイヤホン、パソコンとマウス、キーボードなど最も活用されているクラスです。「Class 2」の最大出力は2.5mWで、最大通信距離は約10ｍで、最も省電力タイプです。「Class 1」の最大出力は1mWで、最大通信距離は約1ｍです。なお、クラスの異なる機器は、接続可能ですが、低い方のクラスの動作に合わせられます。

クラス名	最大出力	通信最大距離	用途
クラス1	100mW	約100m	スピーカー・マイクなど
クラス1.5	10mW	数10m	イヤホン・マウス・キーボードなど
クラス2	2.5mW	約10m	-
クラス3	1mW	約1m	-

バージョン▶5.3
クラス▶Class 1
プロファイル▶
　A2DP,AVRCP,
　HFP,HSP
コーデック▶AAC

バージョン▶5.3
クラス▶Class 1
プロファイル▶
　A2DP,AVRCP,
　HFP,HSP
コーデック▶AAC

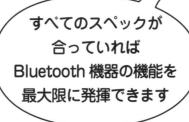

すべてのスペックが
合っていれば
Bluetooth 機器の機能を
最大限に発揮できます

28 Bluetoothってどんなことができるの？

Bluetoothでは、接続する機器によってできることが変わります。イヤホンやスピーカーと接続すれば音楽を聴けます。キーボードやマウスと接続すれば文字を入力したり、パソコンを操作したりできます。Bluetoothでできることを確認して活用しましょう。

BluetoothとWi-Fiの違い

●Wi-Fiは機器をネットワークに接続

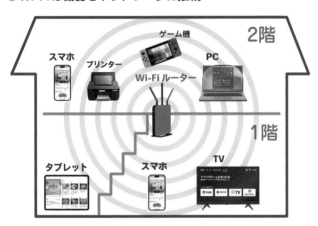

●Bluetoothは機器と機器を接続

項目	Bluetooth	Wi-Fi
通信可能距離	数m～100m程度	数10m前後
最大通信速度	24Mbps	9.6Gbps（Wi-Fi 6/6E）
消費電力	少ない	多い
通信周波数	2.4Ghz	2.4Ghz、5Ghz、6Ghz
パスワード	必要な場合がある	必要

メモ　BluetoothとWi-Fiの違い

BluetoothとWi-Fiは、共に身近にある無線通信規格ですが、Bluetoothがデジタル機器同士を接続する通信規格であるのに対して、Wi-Fiは基本的にデジタル機器とネットワークをつなぐ通信規格で用途が異なります。Wi-Fiの方が、圧倒的に通信速度が速く、動画のような大きなデータもすばやく送受信することができます。それに対してBluetoothは、消費電力が少なく、長時間機器同士を接続し続けることを得意としています。

Bluetoothと赤外線の違い

●気軽にシンプルなデータの送受信が行える赤
外線通信

●ペアリングで互いに認証してデータの送受信を始め
るBluetooth

赤外線の直進する
特性を利用して
シンプルなデータの
送受信が気軽に行える

項目	Bluetooth	赤外線通信
通信可能距離	数m～100m程度	1 m程度
最大通信速度	24Mbps	最大16Mbps
消費電力	少ない	Bluetoothより多い
パスワード	必要な場合がある	不要

 メモ　Bluetoothと赤外線通信の違い

　Bluetoothと赤外線通信は、共に近距離無線通信規格です。Bluetooth機器を利用する際には、機器同士をペアリングし
てから通信を開始します。また、赤外線通信に比べて通信速度が速い上に、通信距離が長いのが特徴です。赤外線通信は赤外
線を利用して、シンプルなデータを送受信できる規格です。赤外線の直進する性質を利用し、リモコンで特定の機器に信号を
送ることができますが、通信速度が最大でも16Mbpsと遅いうえ遮蔽物に弱く、通信距離が1m程度という特性を持っていま
す。

Bluetoothを利用するメリット

Bluetoothは、通信速度や通信容量はWi-Fiほど大きくありませんが、省電力で長時間デジタル機器を接続できる特徴があります。機器間の接続にBluetoothを利用するメリットを確認しておきましょう。

●ケーブルのわずらわしさから解放される

外出先でスマホの音楽を聴きたいとき、重宝するのがBluetooth対応ワイヤレスイヤホンでしょう。ワイヤレスイヤホンを使えば、ケーブルの接続や絡みといったわずらわしさから解放されます。また、ケーブルが切れるといったトラブルもありません。

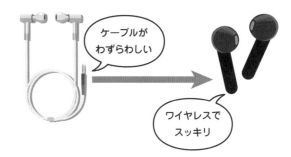

ケーブルがわずらわしい

ワイヤレスでスッキリ

●本体からある程度離れていてもOK

Bluetoothの通信距離は約10mです。接続している機器の距離が多少離れていても通信できます。例えば、マイク付きのイヤホンを使えば、作業しながらハンズフリーで通話することができます。また、離れたところにあるワイヤレススピーカーと接続して、作業しながら音楽を聴くこともできます。

●長時間接続していられる

Bluetooth機器の魅力の一つは、省電力のため長時間使用できることでしょう。ワイヤレスマウスは新しい電池であれば、数か月は動作し続けられます。ワイヤレスイヤホンでは、8～10時間連続再生できるものもあります。

アルカリ電池1本で最長約18カ月の使用が可能

●ファイルの送受信ができる

Bluetoothは、Wi-Fiほどの通信速度も通信容量もありませんが、1つのファイルをスマホからパソコンに送信するといったことはかんたんにできます。ケーブルで接続したり、スマホの設定をファイル転送に切り替えたりする手間が省けて便利です。Bluetoothを使ってデバイス間でファイルやデータのやり取りをしてみましょう。

▲動画などのファイルを送受信することもできます

Bluetoothのデメリット

Bluetooth機器は、ワイヤレスで便利な反面、充電が必要だったり、あまり距離が離れすぎると電波が途切れたりするデメリットもあります。Bluetoothのデメリットを確認して、その上でBluetooth機器を上手に活用しましょう。

●充電や電池の取り換えが必要

Bluetooth機器は、ワイヤレスの特性を生かすため、ほとんどの製品は充電式だったり電池式だったりします。当然、バッテリー容量が少なくなると、充電や電池の取り換えが必要になります。

●通信距離が短い

Bluetooth機器の通常の通信距離は約10mです。そのため、機器間があまり離れすぎると、電波が届かなくなり、動作しなくなったり、通信が途切れてしまったりします。

●通信が不安定になることがある

Bluetoothの使用周波数は、2.4Ghzです。Wi-Fiや電子レンジなどがこの周波数を使用するため、電波干渉を受けて通信が不安定になる場合があります。

同じ2.4Ghz帯を使っている電子レンジやBluetooth機器の電波干渉で途切れやすい

Bluetoothの注意点について知っておこう

Bluetoothは、接続が簡単で、気軽に使用できることからさまざまな機器で採用されています。しかし、接続の容易さを利用した攻撃によるリスクがあります。特にWi-Fiの電波が使われている場所では、Bluetoothへの攻撃リスクが上がるといわれています。知らない間に通信内容を傍受されたり、個人情報を抜き取られたりすることもあります。Bluetoothを安全に使用するには、次の点に気を付けましょう。

●必要なときだけONにし、不要なときはOFFにしましょう

Bluetooth機器は、使用するときだけオンにし、不必要なときはオフにしておきましょう。スマホには、個人情報をはじめクレジットカード情報、連絡先情報など、重要な情報がたくさん保存されています。Bluetooth機能は、使わないときにはオフにすると安全です。

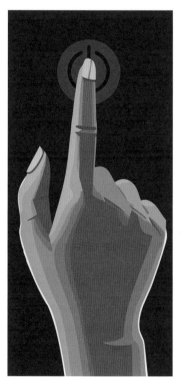

▲Bluetooth機器は、使わないときには電源を落としておくと良いでしょう

●機器の名前に個人情報を含めないようにしましょう

イヤホンなどのBluetooth機器に、わかりやすくするために自分の名前や誕生日などの個人情報を含ませていませんか？　Bluetooth機器は、容易に検出されます。機器名に個人情報を含んでいると、悪意のある第三者のターゲットになる可能性があります。

▲Bluetooth機器の名前に個人情報は含めないようにしましょう

●機器は常に最新の状態に

Bluetooth機器のメーカーは、その脆弱性を修正するとファームウェアを配信します。ファームウェアを更新して、Bluetooth機器を最新の状態にしておくと、セキュリティが上がり攻撃のリスクは下がるでしょう。

29 Bluetooth機能を確認しよう

Bluetoothは、接続する機器と接続される機器の両方にBluetooth機能が搭載されていなければ接続できません。Bluetooth機器を導入する際には、パソコンやスマホのBluetooth機能を確認し、有効にしておきましょう。

パソコンのBluetooth機能を確認する

① デバイスマネージャーを起動する

① [スタート] ボタンをクリックし、[スタート] メニューの検索ボックスに「デバイスマネージャー」と入力して、表示される検索結果から [デバイスマネージャー] をクリックします。

② [Bluetooth] の項目を展開する

② デバイスマネージャーが表示されるので、[Bluetooth] の [>] をクリックして、[Bluetooth] の項目を展開します。

③ ドライバーのプロパティを表示する

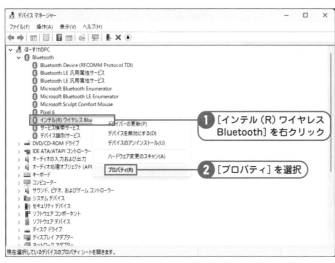

1 [インテル（R）ワイヤレス Bluetooth] を右クリック

2 [プロパティ] を選択

③ [インテル（R）ワイヤレス Bluetooth]（[ワイヤレスデバイス] や [Bluetooth 無線リスト] と表示されていることもあります）を右クリックし、[プロパティ] を選択します。

④ ファームウェアのバージョンを確認する

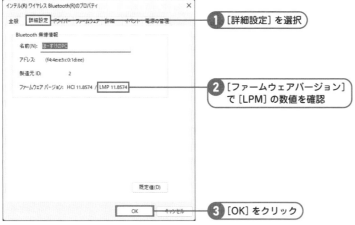

1 [詳細設定] を選択

2 [ファームウェアバージョン] で [LPM] の数値を確認

3 [OK] をクリック

④ [詳細設定] パネルを選択し、[ファームウェアバージョン] に記載されている内容を確認します。[OK] をクリックして、ダイアログボックスを閉じます。

⚠ チェック　Bluetoothのバージョンを確認する

　この手順に従って [Bluetooth ドライバーのプロパティ] ダイアログボックスの [詳細設定] タブを表示し、[LMP] の数値を確認します。「LMP」は、「Link Manager Protocol」の略で、その値はBluetoothのバージョンに対応しています。この場合、[LMP11.8574] と表示されていることから、右表よりBluetoothのバージョンは「5.2」ということがわかります。

LMPバージョン	Bluetoothバージョン
LMP 4	Bluetooth 2.1 + EDR
LMP 5	Bluetooth 3.0
LMP 6	Bluetooth 4.0
LMP 7	Bluetooth 4.1
LMP 8	Bluetooth 4.2
LMP 9	Bluetooth 5.0
LMP 10	Bluetooth 5.1
LMP 11	Bluetooth 5.2

パソコンのBluetooth機能を有効にする

① [設定] 画面を表示する

1 [スタート] ボタンをクリック

2 [設定] をクリック

① [スタート] ボタンをクリックし、[スタート] メニューで [設定] をクリックします。

② [Bluetoothとデバイス] 画面を表示する

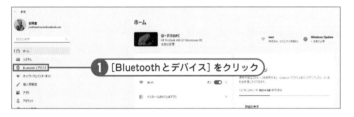

1 [Bluetoothとデバイス] をクリック

② 左のメニューで [Bluetoothとデバイス] をクリックします。

③ Bluetoothを有効にする

1 [Bluetooth] のスイッチをクリック

③ [Bluetooth] のスイッチをクリックしオンにします。

🔆 ヒント　クイック設定でBluetoothをオンにする

Bluetoothは、[クイック設定] パネルでオン/オフを切り替えることができます。タスクバーの右端にあるスピーカーのアイコン 🔲 🔊 をクリックして [クイック設定] パネルを表示し、Bluetoothのロゴが記載されたボタンをクリックして、ボタンを青に切り替えるとBluetoothがオンになります。

iPhoneのBluetooth機能を有効にする

 ［設定］画面を表示する

ホーム画面で［設定］アイコンをタップし、［設定］画面を表示します。

1 ［設定］をタップ

 ［Bluetooth］画面を表示する

［Bluetooth］をタップし、［Bluetooth］画面を表示します。

1 ［Bluetooth］をタップ

 Bluetoothを有効にする

［Bluetooth］のスイッチをタップし、オンにします。

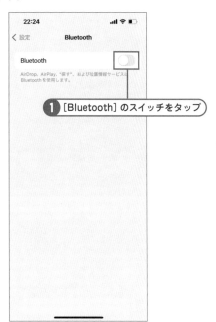

1 ［Bluetooth］のスイッチをタップ

 Bluetoothの機能が有効になった

iPhoneのBluetooth機能が有効になりました。

AndroidスマホのBluetooth機能を有効にする

① [クイック設定] 画面を表示する

ホーム画面上部を下に向かってスワイプし、[クイック設定] 画面を表示します。

1 画面上部を下に向かってスワイプ

② [Bluetooth] 画面を表示する

[Bluetooth] をタップし、[Bluetooth] 画面を表示します。

1 [Bluetooth] をタップ

③ Bluetoothを有効にする

[Bluetoothを使用] のスイッチをタップし、オンにします。

1 [Bluetooth] のスイッチをタップ

④ Bluetoothの機能が有効になった

Bluetooth が有効になりました。

ヒント　スマホのBluetoothのバージョンを確認する

iPhoneやAndroidスマホには、Bluetoothのバージョンやプロファイルを確認する機能が用意されていません。iPhoneやAndroidスマホのBluetoothのバージョンを確認したいときは、それぞれの機種のWebページを表示し、スペック表のBluetoothの項目を確認しましょう。

●iPhone 15のスペック表

▲Bluetooth 5.3の搭載が確認できます

●Pixel 8 Proのスペック表

▲Bluetooth 5.3の搭載が確認できます

チェック　イヤホンやマウスだけじゃない！　便利なBluetooth機器

Bluetooth機器は、ワイヤレスイヤホンやワイヤレスマウスばかりではありません。体重計や血圧計、体温計など、健康管理機器が充実していて、計測した値をスマホに収集し、グラフで表示したり、危険値を通知したりすることができます。また、紛失したときに、音で知らせるスマートタグやスマホで作成したラベルを印刷できるラベルプリンターなど、便利な機器が数多くあります。自分に合った機器を見つけて、生活を楽しくしてみましょう。

機器名	機種名	メーカー
血圧計	HCR-1901T2	オムロン
心電計	HCG-8010T1	オムロン
体重体組成計	KRD-603T2	オムロン
体温計	MC-6810T2	オムロン
パルスオキシメータ	HPO-200T3	オムロン
スマートタグ	AirTag	Apple
ラベルプリンター	TEPRA PRO SR-MK1	キングジム

▲[OMRONC connect] アプリの画面。体重・体組成と連携して健康を管理します

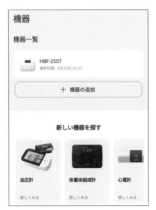

Bluetooth非搭載のパソコンでBluetooth機器を接続したいときは、Bluetoothアダプターをパソコンに取り付けます。Bluetoothアダプターを取り付けることで、BluetoothマウスやBluetoothヘッドセットといったBluetooth機器を利用できるようになります。パソコンにBluetoothアダプターを取り付けて、機能を追加してみましょう。

●Bluetoothアダプター　Buffalo BSBT4D200BK

Bluetoothの解説で、「BLE」と表記されていることがあります。「BLE」とは、「Bluetooth Low Energy」の略で、Bluetooth 4.0以降に盛り込まれている通信規格のことです。Bluetooth 3.0以前の通信規格を「Bluetooth Classic」といい、スマホやパソコンのような「マスター」とマウスやイヤホンのような機器「スレーブ」を1対1で接続し、マスターは最大7端末まで同時接続できます。これに対して、「BLE」は、スマホやパソコンのような「セントラル」で体重計や照明、スマートウォッチのような機器「ペリフェラル」を一元管理することが可能です。ペリフェラルは、体重計や血圧計の計測結果やスマートウォッチのバッテリー残量など、スマホ（セントラル）にデータを発信することができます。Bluetooth 4.0以降では、Bluetooth ClassicとBLEの両方が搭載され、Bluetooth機器のプロファイルに合わせていずれかに切り替えられ、ペアリングされます。

Bluetooth Classic	BLE
ワイヤレスイヤホン	体重計
ワイヤレススピーカー	血圧計
カーナビゲーション	スマートウォッチ
マウス	照明機器
キーボード	

7章

いろんな Bluetooth 機器を
使ってみよう

Bluetooth 機器は、スマホ - ワイヤレスイヤホン、パソコン - マウスのように、一対で使用します。親機と子機を互いにペアリングすることで認識し、機能を利用できるようになります。また、Bluetooth は、テザリングに利用することもできます。Bluetooth を利用して、デジタル機器を便利に利用してみましょう。

Key Word　かんたんペアリング

30 ペアリングしよう

ワイヤレスイヤホンやワイヤレスマウスなどのBluetooth機器は、電源を入れただけでは使えません。それらの親機となるスマホやパソコンと互いに認識させ、使用できる状態にする必要があります。これをペアリングといいます。

ペアリングすることで使用できる状態になる

iPhone13です
よろしく！

SE-M02345です
よろしく！

メモ　ペアリングしよう

「ペアリング」は、無線で接続するために2つのBluetooth機器を互いに認識させ、使用できる状態にすることです。多くの場合、ワイヤレスイヤホンやマウスなどの子機が発する信号をパソコンやスマホなどの親機が認識することで設定します。

ヘッドホンをペアリング可能な状態にする

1 ヘッドホン側から設定する

1 電源ボタンを長押し

ペアリングモードに切り替わり、ランプが点滅します

1 電源ボタンを青いランプが点滅しペアリングモードに切り替わるまで長押しします。

ヒント　Bluetooth機器をペアリングモードに切り替える

ワイヤレスイヤホンとスマホをペアリングする場合、ワイヤレスイヤホンにあるボタンを長押しするなどして、Bluetoothの信号を発信し、それをスマホで受信してペアリング設定を進めます。ワイヤレスイヤホンのペアリングに設定については、各機種によって方法が違うことがあるため、取扱説明書を確認してください。

iPhoneとヘッドホンをペアリングする

[設定] 画面を表示する

ホーム画面で [設定] のアイコンをタップし、[設定] 画面を表示します。

1 [設定] をタップ

[Bluetooth] 画面を表示する

[Bluetooth] をタップし、[Bluetooth] 画面を表示します。

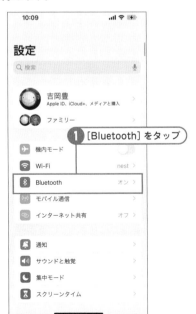

1 [Bluetooth] をタップ

目的の機器を選択する

[その他のデバイス] に新しい機器が表示されるので、ここでは[SE-MJ561BT]をタップします。

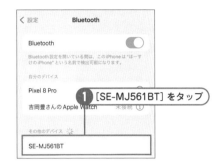

1 [SE-MJ561BT] をタップ

⚠ チェック **Bluetooth 機器が検出されない**

Bluetooth 機器が検出されないときは、まずペアリングモードに切り替わっているかどうか確認しましょう。ペアリングモードに切り替わっているのに検出できない場合は、他のデバイスと接続済みになっていないか確認します。それでも検出できないときは、Bluetooth 機器をリセットして、設定をやり直しましょう。過去に何度かペアリング設定を繰り返していると、最大登録数を超えていることがあります。

ペアリングが完了した

ペアリングが完了し、タップした機器名が [自分のデバイス] に移動して、[接続済み] と表示されます。

💡 ヒント **接続を解除するには（iPhone）**

iPhoneとBluetooth機器との接続を解除するには、ホーム画面で [設定] のアイコンをタップして [設定] 画面を表示し、[Bluetooth] をタップして [Bluetooth] 画面を表示します。[接続済み] と表示されている機器の①をタップすると、その機器の情報が表示されるので [接続解除] をタップします。

7

いろんなBluetooth機器を使ってみよう

Androidスマホとヘッドホンをペアリングする

［クイック設定］画面を表示する

ホーム画面の上部を下に向かってスワイプし、
［クイック設定］画面を表示します。

① 画面上部を下に向かってスワイプ

［新しいデバイスとペア設定］画面を表示する

［Bluetooth］がオンになっているのを確認し、
［新しいデバイスとペア設定］をタップします。

① ［新しいデバイスとペア設定］をタップ

ペアリングする機器を選択する

［使用可能なデバイス］の一覧で、目的のヘッド
ホンをタップします。

① ［SE-MJ561BT］をタップ

［Bluetooth］が画面を表示する

［Bluetooth］をタップして、［Bluetooth］画面
を表示します。

① ［Bluetooth］をタップ

ヒント 接続を解除するには（Android）

AndroidスマホとBluetooth機器の接続を解除するに
は、ホーム画面の上部を下に向かってスワイプし、［ク
イック設定］画面に接続されているBluetooth機器名
が表示されるのでそれをタップして、一覧で目的の機
器名を再度タップすると接続が解除されます。なお、
再接続する場合は、［クイック設定］画面で［Bluetooth］
をタップし、表示される画面で目的の機器名をタップ
します。

ペアリングを実行する

必要に応じて［連絡先と通話履歴へのアクセス
も許可します］をオンにし、［ペア設定する］を
タップします。

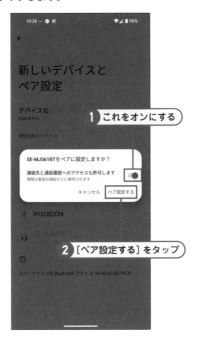

① これをオンにする

② ［ペア設定する］をタップ

 ペアリングが完了した

Bluetoothが有効になりました。

 チェック **Bluetooth機器の登録を解除する（iPhone）**

iPhoneでBluetooth機器の登録を解除するには、［設定］画面で［Bluetooth］をタップ
し、表示される画面で目的のBluetooth機器の①をタップします。目的の機器の画面が表
示されるので、［このデバイスの登録を解除］をタップして、確認画面で［デバイスの登録
を解除］をタップします。

▶ ［このデバイスの登録を解除］をタップしてBluetooth機器の登録を解除します

 チェック **Bluetooth機器の登録を解除する（Android）**

Androidスマホでは、［クイック設定］画面で［Bluetooth］をタップし、表示される画面
で目的のBluetoothデバイスの右にある歯車のアイコンをタップします。［デバイスの詳
細］画面が表示されるので［削除］をタップし、確認画面で［このデバイスとのペア設定を
解除］をタップします。

▶ ［削除］をタップしてBluetooth機器の登録を解除します

Key Word ファイルの転送

31 スマホからパソコンに ファイルを転送する

パソコンとAndroidスマホ間では、Bluetoothでファイルの送受信が行えます。接続ケーブルがない場合に、Bluetoothを使えば気軽にファイルをやり取りできます。ただし、通信速度が遅いため、急いでいる場合は他の手段でファイルを送信しましょう。

Androidスマホからファイルを受け取る準備をする

1 [設定] 画面を表示する

1 [スタート] ボタンをクリックしてスタートメニューを表示し、[設定] のアイコンをクリックします。

② [設定] をクリック

① [スタート] ボタンをクリック

2 [Device] 画面を表示する

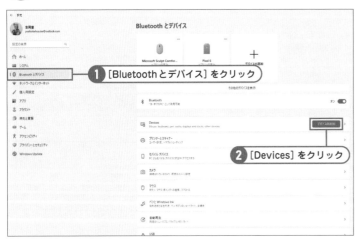

① [Bluetoothとデバイス] をクリック

② [Devices] をクリック

2 左のメニューで [Bluetoothとデバイス] をクリックし、[Devices] をクリックして、[Devices] 画面を表示します。

⚠️ チェック **iPhone ではBluetoothで ファイルを送受信できない**

iPhoneはBluetoothに対応していますが、Bluetoothによるファイル転送には対応していません。そのため、iOS標準アプリ、サードパーティアプリにもBluetoothによるファイル転送アプリはありません

③ ［Bluetooth ファイル送信］ウィザードを起動する

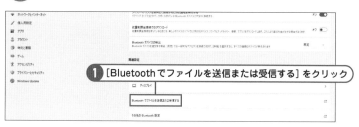

① ［Bluetoothでファイルを送信または受信する］をクリック

④ ファイル受信の準備を完了する

① ［ファイルを受信する］をクリック

③ スクロールして下部を表示し、［Bluetoothでファイルを送信または受信する］をクリックします。

④ ［ファイルを受信する］をクリックします。

Androidスマホから Bluetoothで写真を送信する

① 送信する写真を選択する

Androidスマホの［フォト］アプリで目的の写真を表示し、下部の［共有］をタップします。

① ［共有］をタップ

② 送信手段にBluetoothを選択する

画面を上にスワイプして下部を表示し、［Bluetooth］のアイコンをタップします。

① 画面を上に向かってスワイプ

② ［Bluetooth］をタップ

送信先を選択する

送付先となる機器にパソコンを選択します。ここでは、[ほーすけのPC] をタップします。

1 [ほーすけのPC] をタップ

写真の送信が開始された

写真の送信が開始されます。

保存先の選択画面を表示する

写真の送信が完了すると、保存先の設定画面が表示されるので、[参照] をクリックします。なお、表示中の保存先で良い場合はこのまま [完了] をクリックします。

1 [参照] をクリック

保存先を指定する

目的の保存先を選択し、[OK] をクリックします。

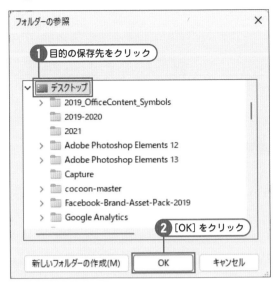

1 目的の保存先をクリック

2 [OK] をクリック

写真を保存する

[完了] をクリックすると、指定した保存先に写真が保存されます。

1 [完了] をクリック

Key Word　Bluetoothでテザリング

32 Bluetoothテザリングを使ってみよう

テザリングといえばWi-Fiを思い浮かべる人が多いと思いますが、Bluetoothでもテザリングすることができます。Bluetoothによるテザリングは、通信速度は遅く、通信容量も小さいですが、省電力で利用できるメリットがあります。

Bluetoothテザリングとは

スマホをルーターとしてタブレットを
Bluetoothでインターネットに接続します

インターネット

  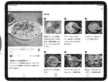

BluetoothテザリングでiPadをインターネットに接続する（iPhone）

1 [Bluetooth] 画面を表示する

1 iPhoneで [設定] 画面を表示し、[Bluetooth] をタップします。

設定

吉岡豊
Apple ID、iCloud+、メディアと購入

ファミリー

1 [Bluetooth] をタップ

機内モード

Wi-Fi　　　　　　　nest

Bluetooth　　　　　オン

モバイル通信

インターネット共有

通知

サウンドと触覚

集中モード

スクリーンタイム

一般

> ### ヒント　Bluetoothテザリングの特徴
>
> 「Bluetoothテザリング」は、Bluetoothの電波を利用してインターネットに接続できる機能です。Bluetoothは、電波の特性上、Wi-Fiに比べると通信速度も通信容量も小さいですが、省電力性に優れています。動画の視聴やゲームのプレイは難しいですが、メールを確認したり、Webページを閲覧したりすることはできます。端末のバッテリーが少ない場合の緊急用対策として知っておくと良いでしょう。

ペアリングするiPadを選択する

接続するiPadをタップし、ペアリグンを実行します。

1 目的のiPadをタップ

ペアリングを実行する

この番号がiPhoneとiPadに表示されていることを確認したら、[ペアリング] をタップします。

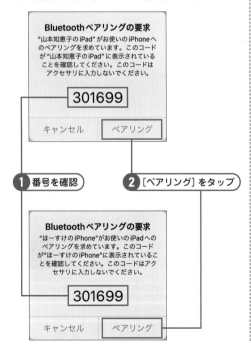

1 番号を確認　2 [ペアリング] をタップ

[インターネット共有] 画面を表示する

iPhoneで [設定] 画面を表示し、[インターネット共有] をタップします。

1 [インターネット共有] をタップ

テザリングを有効にする

[ほかの人の接続を許可] のスイッチをタップして有効にします。

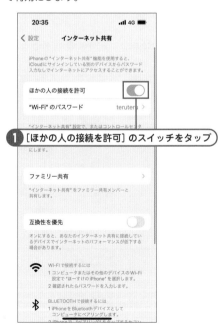

1 [ほかの人の接続を許可] のスイッチをタップ

Bluetoothテザリングで Web ページが表示される

iPad から Bluetooth テザリングでインターネットに接続できます。

Bluetoothテザリングで iPad を
インターネットに接続する（Android）

 [Bluetooth] 画面を表示する

Pixel 8 Pro で [クイック設定] 画面を表示し、[Bluetooth] をタップします。

① [Bluetooth] をタップ

 ペアリングする機器の一覧を表示する

[新しいデバイスとペア設定] をタップし、ペアリングする機器の一覧を表示します。

① [新しいデバイスとペア設定] をタップ

7
い
ろ
ん
な
Bluetooth
機
器
を
使
っ
て
み
よ
う

 ペアリングする iPad を選択する

ペアリングする iPad をタップします。

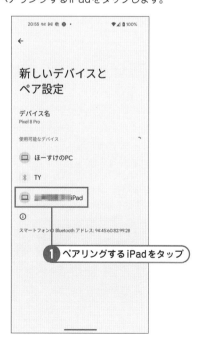

① ペアリングする iPad をタップ

ペアリングを実行する

この番号がiPhoneとiPadに表示されていることを確認したら、[ペアリング] をタップします。

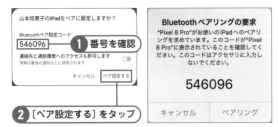

1 番号を確認

2 [ペア設定する] をタップ

[ネットワークとインターネット] 画面を表示する

Pixel 8 Proで [設定] 画面を表示し、[ネットワークとインターネット] をタップします。

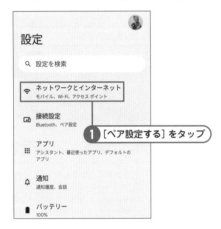

1 [ペア設定する] をタップ

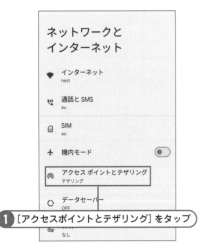
[アクセスポイントとテザリング] 画面を表示する

[アクセスポイントとテザリング] をタップします。

1 [アクセスポイントとテザリング] をタップ

Bluetoothテザリングを有効にする

[Bluetoothテザリング] のスイッチをタップして有効にします。

1 [Bluetoothテザリング] のスイッチをタップ

BluetoothテザリングでWebページが表示された

iPadからBluetoothテザリングでインターネットに接続できます。

8章

Wi-Fi & Bluetooth の
お悩み&トラブル解決！Q & A

Wi-Fi や Bluetooth について理解を深めようとすると、専
門用語や知識を避けて通ることができません。専門用語や
専門知識を頭に入れるほど、似たような用語や知識との違
いなど、疑問が深くなってしまうこともあるでしょう。こ
の章では、Wi-Fi と Bluetooth についての疑問や理解が難
しいことについて、Q & A 形式で解決します。

Q 01 ▶ Wi-Fiルーターの「ルーターモード」と「ブリッジモード」って何？

A ▶ ルーターモードはルーター機能を利用する場合、ブリッジモードはWi-Fiルーターをアクセスポイントとして利用する場合のモードです。

Wi-Fiルーターには、背面に「ルーターモード」、「ブリッジモード」を切り替えるスイッチが付いている機種があります。ルーターモードは、パソコンやスマホなど複数の機器にIPアドレスを振り分けて、インターネットへの接続するルーター機能を利用するときのモードです。ブリッジモードは、Wi-Fiルーターよりも上位にルーター機能を持った機器がある場合に、インターネットのデータを受け渡しするアクセスポイントとして利用する場合のモードです。

Q 02 ▶ Wi-Fiと有線LANのどちらでネットワークにつないだ方がいい？

A ▶ Wi-Fi 5の通信速度は6.9Gbps、Wi-Fi 6の通信速度は9.6Gbpsと高速です。これだけの通信速度があれば、4K動画の視聴やオンラインミーティングなどでも問題ありません。ただし、オンラインゲームでラグが気になる場合は有線LANの方が安定した通信を確保できます。

インターネットに接続している回線が光回線の場合、Wi-FiはWi-Fi 5以降であれば、4K動画の視聴やオンラインミーティングも、スペック的には問題はないでしょう。ただし、Wi-Fiルーターを自宅の隅や、隠れた場所に置くと、電波が届く場所にムラができてしまいます。

Wi-Fiルーターは自宅の中央の見通しが良い場所に配置しましょう。なお、長時間オンラインゲームをプレイする場合で、タイムラグが気になるときには、有線LANでの接続がおすすめです。

自由度の高い Wi-Fi ネットワーク

オンラインゲームでは有線 LAN がおすすめです

Q03 ▶ Wi-Fiルーターには、同時に何台まで接続できる？

A ▶ Wi-Fiルーターの同時接続台数は、製品によって異なります。カタログやスペック表には必ず同時接続台数が記載されています。Wi-Fiルーターに同時に接続する機器の台数が増えるほど、通信速度や通信容量に影響があります。

●Buffalo WSR-5400AX6Pのスペック表

Wi-Fiルーターの同時接続台数は、製品によって異なり、カタログやスペック表に記載されています。Wi-Fiルーターに同時接続する機器の数が多い程、通信速度や通信容量に影響があります。Wi-Fiルーターを購入する際には、スマホやタブレット、パソコン、プリンターなどWi-Fiに接続するすべての機器をリストアップして台数を確認しましょう。スマートホームを構築する場合は、テレビやエアコン、スマートスピーカー、照明などWi-Fiルーターに接続する機器の台数が大幅に増えるので注意が必要です。

Q04 ▶ 外出時にノートパソコンでインターネットに接続したい

A ▶ 多くのカフェや公共施設には、無料のWi-Fiが設置されています。安全なネットワークか確認して、フリーWi-Fiを利用してみましょう。また、スマホをアクセスポイントにするテザリングでもパソコンでインターネットを利用できます。

携帯電話回線で受け取った
データをWi-Fiで送信

外出先でWi-Fiを使いたいときは、[Japan Wi-Fi auto-connect] アプリのようなフリーWi-Fiアプリで周囲のWi-Fiスポットを検索します。フリーWi-Fiを利用する場合は、運営者や企業しっかりと確認しましょう。特にパスワードなしで接続できるWi-Fiは、危険性をはらんでいる可能性があります。

また、スマホから発信されるWi-Fiの電波を介してノートパソコンやタブレットでインターネットを利用する「テザリング」を利用しても良いでしょう。テザリングを利用すれば、外出先でもスマホを経由してノートパソコンやタブレットでインターネットを利用できます。

A ▶ まずはWi-Fiのバージョンと最大通信速度を確認しましょう。Wi-Fiのバージョンによって出力可能な通信速度は異なりますが、同じWi-Fiバージョンでも製品によって最大通信速度が異なります。Wi-Fi 6のハイエンド製品では4803Mbpsと高速ですが、ローエンド製品では1201Mbpsとかなり差があります。

メーカー	Buffalo	Buffalo
グレード	フラッグシップ	エントリー
機種名	WXR-6000AX12P	WSR-1500AX2S
Wi-Fiバージョン	Wi-Fi 6	Wi-Fi 6
最大通信速度	4803Mbps（5Ghz）+1147Mbps（2.4Gz）	1202Mbps（5Ghz）+300Mbps（2.4Gz）
ストリーム数	5Ghz 8×8 / 2.4Ghz 4×4	5Ghz 2×2 / 2.4Ghz 2×2

Wi-Fiルーターを選ぶ際にまずチェックするポイントは、Wi-Fiのバージョンと最大通信速度でしょう。Wi-Fiのバージョンは、Wi-Fi 7は対応機器が少なく、価格も高額なため、Wi-Fi 6またはWi-Fi 6Eの機種を選択するのが無難です。最大通信速度ですが、実はWi-Fiのバージョンが同じでも、Wi-Fiルーターのグレードによって速度が異なります。Wi-Fi 6Eの機種を選択しても、ローエンドの機種では、最大通信速度が1201Mbpsしかでません。「Wi-Fi 6Eなのに安い」機種があるなら、最大通信速度を必ずチェックしましょう。また、対応する間取りや同時接続台数なども確認しておきましょう。

A ▶ Wi-Fiの通信速度の理論値は、理想的な通信環境での最大通信速度です。そのため、実際の通信環境においては、理論値の速度より大きく下回ります。理論値に対して実際に使用した際の通信速度を実測値といいます。実測値は、使用する環境によって異なるため、カタログやスペック表には機能の目安として理論値が記載されています。

Wi-Fiバージョン	最大通信速度（理論値）
Wi-Fi 4	600Mbps
Wi-Fi 5	6.9Gbps
Wi-Fi 6	9.6Gbps
Wi-Fi 6E	9.6Gbps
Wi-Fi 7	46Gbps

Wi-Fi 6の最大通信速度は、9.6Gbpsですが、この速度は理論値です。理想的な環境下における最大通信速度を表しています。Wi-Fiの場合、使用環境によって通信速度が大きく左右されることから、実際のスピードは理論値よりも大きく下回ります。Wi-Fiルーターの通信速度の実測値を前もって知るには、製品のテスト動画やブログを確認するしかありません。また、Wi-Fiルーター購入後に実測値を確認したいときは、パソコンやスマホで「Fast.com」のような通信速度計測サイトを利用する簡単に計測できます。

Q07 ▶ Wi-Fiが瞬間的に切れることがある

A ▶ Wi-Fiが途切れる場合は、電子レンジやBluetooth機器による電波干渉の可能性があります。この場合は、周波数を2.4Ghzから5Ghzに切り替えましょう。なお、周波数5Ghzは、遮蔽物に弱いため、Wi-Fiルーターを見通しの良い場所に置きましょう。

Wi-Fiの電波が途切れる場合は、最初に電波干渉を疑ってみましょう。2.4Ghz帯の電波は、電子レンジやBluetooth機器でも使用するため、互いの電波が干渉し合います。Wi-Fiの5Ghzの電波に切り替えるには、スマホやパソコンのSSID選択画面で末尾に「-a」と記載されているモノを選択します。また、2.4Ghzの電波を使い続けたいときは、チャンネルを変更してみましょう。チャンネルを切り替えることで、電波干渉を避けることができます。2.4Ghzのチャンネルを切り替えるには、Wi-Fiルーターの管理画面にログインし、ワイヤレスの設定で2.4Ghzのチャンネルを[自動]から任意のチャンネルに変更します。

Q08 ▶ Wi-Fi 6とWi-Fi 6Eの違いがわからない

A ▶ Wi-Fi 6Eの「E」は、「Expand（拡張）」の意味で、Wi-Fi 6Eには、従来の2.4Ghz/5Ghzに新しい周波数6Ghzが追加されています。周波数6Ghzは、利用可能な周波数帯域幅が広い上、対応機器が少ないため、高速で快適な通信が可能です。

Wi-Fi 6Eの「E」は、英語の「Expand」で「拡張」の意味です。Wi-Fi 6Eには、従来の周波数2.4Ghzと5Ghzに加えて、6Ghzが新たに追加されました。新しい周波数が追加されたことで、利用可能なチャンネルが7本に増え、電波干渉が起きにくくなり、より安定した高速通信が可能になっています。また、周波数帯が拡張されることで、

オンラインゲームや4K動画といった大容量データも快適に通信できます。なお、6Ghzの電波は、遮蔽物に弱く、遠くまで届きにくいという特性があります。そのため、Wi-Fi 6Eのルーターは、できるだけ見通しがよく、遮蔽物の少ない自宅の中心に配置した方が高速通信の恩恵にあずかれます。

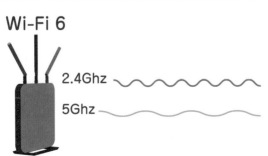

Wi-Fi 6Eには周波数6Ghzが追加され
安定した高速通信が可能になった

Q09 ▶ ゲーミングルーターは通常のWi-Fiルーターと何が違う？

A ▶ ゲーミングルーターでは、QoS（Quality of Service）が搭載されて、ゲームの通信を優先させることができます。同時に動画の再生やファイルのダウンロードが開始されても、ゲームの通信を優先して流すことができ、ゲームの遅延を最小限に抑えられます。

● エレコムゲーミングルータ WRC-G

オンラインゲームでは、リアルタイム性が高く通信の遅延（ラグ）がゲームの結果を左右します。そのため、ゲーミングルーターには、ラグの発生を防いだり、ゲームのプレイを通信の最優先にしたりするための機能が搭載されています。例えば、QoS（Quality of Service）で、優先させるアクションに［ゲーム］を指定すると、動画の再生やファイルのダウンロードよりもゲームのプレイを優先させることができます。また、5Ghzのチャンネルの1つをゲーム専用帯域に割り当てることで、他の機器からの干渉を受けないようにするなど、多くの機能が盛り込まれています。

Q10 ▶ Wi-Fiに対応していないパソコンを接続するには？

A ▶ Wi-Fiに対応していないパソコンを接続するには、Wi-Fi子機をパソコンに設置します。パソコンにWi-Fi子機を設置する場合、Wi-FiルーターのWi-Fiのバージョンに合ったものを用意しましょう。

● BUFFALO Wi-Fi 6E対応子機「WI-U3-2400XE2」

デスクトップパソコンの中には、Wi-Fi未対応のタイプがあります。この場合は、「Wi-Fi子機」と呼ばれるUSB端末をパソコンに接続し、Wi-Fi機能をパソコンに追加します。Wi-Fi子機の選択で注意する点は、Wi-FiルーターとWi-Fi子機のWi-Fiのバージョンが合っていることと、パソコンとWi-Fi子機のUSB規格が合っていることです。Wi-Fiのバージョンが異なっていると、通信速度がバージョンの低い方の規格に合わせられ、適切な通信が行えません。また、USB端子の規格があっていない場合も、低い方の規格に合わせられるため注意が必要です。

Q11 ▶ 5GHz帯Wi-Fiの屋外利用は禁止って本当？

A ▶ 周波数5Ghzは、航空レーダーや人工衛星にも使用されている関係で、相互干渉を防ぐために屋外では使用できません。違反した場合は、最大で1年以下の懲役または100万円以下の罰金となってしまうため注意が必要です。

人工衛星や航空レーダーと電波干渉するため、屋外では利用できない

周波数5GHz帯は、人工衛星や航空レーダーなど社会的に非常に重要度の高い分野で使われています。Wi-Fiルーターの電波が干渉することで、生活や安全に大きな問題が起こってしまう可能性があるため、「電波法」で5Ghzの機器の屋外での使用を規制しています。壁や天井に囲まれた屋内ならば、人工衛星や航空レーターなどへの影響もほとんどないことから使用が認められています。しかし、人工衛星や航空レーダーと電波が干渉する可能性がないわけではないため、Wi-Fiルーターには、航空レーダー波を検知した際には、Wi-Fiの通信を自動的に停止させる「DFS機能」が搭載されています。

Q12 ▶ Wi-Fi 7って何がすごいの

A ▶ Wi-Fi 7は、Wi-Fi 6/ 6EをアップグレードさせたWi-Fi規格で、最大通信速度が46Gbps（理論値）まで高められています。複数の周波数を組み合わせてデータを送受信できるため、超高速・超大容量のデータ通信が可能になりました。

「Wi-Fi 7」は、2024年5月にリリースされたWi-Fi規格で、正式規格名は「IEEE 802.11be」です。周波数は、2.4GHz・5GHz・6GHzの3帯域全てを利用することができます。Wi-Fi 7では、帯域幅が従来の2倍の320Mhzにまで拡張され、さらにストリーム数が2倍の16ストリームになるため、大量のデータを高速で送受信することが可能になりました。また、従来の規格では3種類の周波数を切り替えながら送受信していましたが、Wi-Fi 7では「MLO（マルチ リンク オペレーション）」が採用され、データを複数の帯域を使って同時に送受信できるようになっています。

Wi-Fi 6E

Wi-Fi 6Eまでは、いずれか1つの周波数に切り替えて通信していた

2.4Ghz

5Ghz

6Ghz

Wi-Fi 7

Wi-Fi 7では、複数の周波数を使って通信するため大容量の高速通信が可能になった

2.4Ghz

5Ghz

6Ghz

A ▶ グローバルIPアドレスは、プロバイダーとの契約（ルーター）に割り振られる固有のIPアドレスで、プライベートIPアドレスは、Wi-FiルーターがWi-Fiに接続するそれぞれの機器に自動的に割り当てるIPアドレスです。

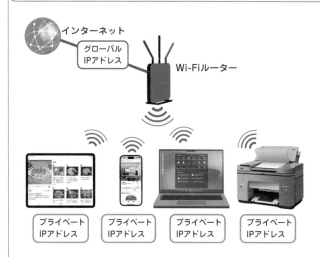

IPアドレスとは、インターネット通信のプロトコル（約束事）に基づいて、インターネットに接続する機器のそれぞれに割り振られた識別番号のことで、インターネット上の住所（宛先）と思えばわかりやすいでしょう。IPアドレスには、「グローバルIPアドレス」と「プライベートIPアドレス」の2種類があります。グローバルIPアドレスは、プロバイダーと契約したユーザーに1つ割り当てられる固有のIPアドレスです。「プライベートIPアドレス」は、グローバルIPアドレスでインターネットに接続されたルーター（Wi-Fiルーターを含む）がパソコンやスマホなど、接続するそれぞれの機器に自動で割り振るIPアドレスです。つまり、Wi-Fiルーターがインターネットへの窓口となり、各機器のインターネットとの通信を制御しています。

A ▶ メッシュWi-Fiは、Wi-Fiルーターと複数のサテライトルーターで、網目状のネットワークを構築する技術です。中継器は、Wi-Fiルーターの電波を中継し、本来電波の届かない範囲に電波を届けることができます。

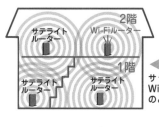

▶**メッシュWi-Fi**
サテライトルーターで複数のWi-Fiルーターを設置しているのと同じ環境が作れる

▶**中継機Wi-Fi**
中継機でWi-Fiの範囲を拡張

「メッシュWi-Fi」とは、メインルーターと複数のサテライトルーター（電波を中継する機器）を利用して網目状（メッシュ）のネットワークを構築する技術のことです。複数のサテライトルーターを配置することでメインルーターの分身を作って、1つのWi-Fiネットワークの範囲を広げることができます。常にメインルーターの近くでWi-Fiを接続している状況と同じ効果を得られます。たとえば、1つのサテライトルーターの電波が途切れても、別の通信経路から電波を受信できるよう調整されるため、安定した通信を整えられます。

中継器は、Wi-Fiルーターの電波を中継するための機器です。中継器を利用すれば、Wi-Fiルーターからの電波を中継器が受信し、中継器自体が電波を発するため、本来は電波が届かないまたは電波が弱い場所でも、Wi-Fiを快適に利用できます。

Q15 ▶ Wi-Fiの電波強度を調べたい

 ▶ 電波強度は、Wi-Fiの電波がどれくらいの強さで届いているかを確認する指標です。パソコンで電波強度を確認したいときは、コマンドプロンプトで、iPhoneは［AirMacユーティリティ］、Androidでは［WiFiアナライザ］というアプリを利用すると確認できます。

Wi-Fiの電波の強さは、スマホやパソコン画面上に扇形のアイコンのサイズで5段階表示されますが、それでは大雑把でよくわかりません。パソコンで電波強度を具体的に確認したいときには、コマンドプロンプトを起動し、「netsh wlan show interface」と入力して、キーボードで［Enter］キーを押します。表示されるWi-Fiの電波に関する情報で「シグナル」の項目に、電波強度がパーセンテージで表示されます。
iPhoneでは、［AirMacユーティリティ］アプリを利用すると確認できます。［AirMacユーティリティ］アプリを

インストールしたら、［設定］→［AirMac］をタップし、［Wi-Fiスキャン］をオンにします。［AirMacユーティリティ］アプリの右上の［Wi-Fiスキャン］をタップすると表示される一覧で目的のSSIDにある［RSSI］の数値を確認します。［RSSI］は電波強度を示すマイナス表示の数値で、「0」に近いほど信号が強いことを表しています。
Androidスマホの場合は、［WiFiアナライザ］アプリの［チャンネルグラフ］には、各ネットワークの電波強度がグラフで表示され、ひと目で確認できます。

● ［AirMacユーティリティ］アプリの画面

▲ ［シグナル］に電波強度がパーセンテージで表示されます

◀［RSSI］の値が「0」に近いほど強いことを示します

Q16 ▶ QoSって何？

 ▶ 「QoS」は、「Quality of Service」の略で、ネットワーク上でやり取りされるデータに優先順位をつけたり、データ量を制御したりできる技術です。例えば、QoSでZoomの通信を優先させることで、オンラインミーティングが途切れることなくスムースに行えます。

オンラインゲームやオンラインミーティング、4K動画の視聴、ICTなど、ますます大容量で超高速の通信が求められています。しかし、回線自身の限界、各機器でのキャパシティなどから、通信速度の低下が起こってしまいます。そこで、QoSは、端末やアプリなどに優先順位をつけることで、特定の端末からのデータや特定のアプリのデータを優先的に通信し、通信の混雑を緩和し、速度低下を回避します。QoSは、Wi-Fiルーターで設定することができ、機種によってQoSのレベルや機能が異なります。

◀このルーターでは、QoSで端末に優先する端末を指定して通信データを制御します

Q17 ▶ Bluetooth機器が検出されない

A ▶ ペアリングしようとしてもスマホやパソコン上にBluetooth機器が検出されない場合は、次の点をチェックしてみましょう。①ペアリングモードになっているか ②すでに他の機器に接続されていないか ③バッテリーが切れていないか

ペアリングしようとしても、スマホやパソコン上にBluetooth機器が検出されないことがあります。この場合、原因として多いのがペアリングモードになっていないことです。ペアリングモードは、一定の時間を過ぎると解除されてしまうため注意が必要です。また、すでに他の機器と接続されている場合にも、検出されません。あらかじめ、他の機器との接続を解除してからペアリングしましょう。なお、いずれの場合も当てはまらないときは、Bluetooth機器を再起動したり、ペアリングをリセットしたりしましょう。

▲Bluetooth機器がペアリングモードになっているか確認しましょう

Q18 ▶ Bluetooth機器とペアリングできない

A ▶ Bluetooth機器とスマホがペアリングできないときは次の点をチェックしてみましょう。①スマホでBluetoothが有効になっているか ②Bluetooth機器の電源が入っているか ③Bluetooth機器がペアリングモードになっているか ④電波干渉されていないか

Bluetooth機器とペアリングできない場合の主な原因は、①スマホやパソコンでBluetoothが有効になっていない ②Bluetooth機器でペアリングモードになっていない の2点です。この2点を確認した上で、ペアリングできない場合は、Bluetooth機器が他の機器と接続されているか、電波干渉がある可能性があります。周囲で電子レンジや他のBluetooth機器を使用していると、電波が干渉されてしまい接続が途切れてしまいます。

▲Wi-Fi2.4Ghzや電子レンジがBluetoothに電波干渉します

Q19 ペアリングしたのにBluetooth機器と うまく再接続できない

 Bluetooth機器とペアリングしたのに、うまく再接続できないときは、一旦ペアリングを解除して再度ペアリングすると接続できます。

●iPhoneのペアリング解除

< Bluetooth	SE-MJ561BT
名前	SE-MJ561BT >
デバイスタイプ	>
接続解除	
このデバイスの登録を解除	

▲ [Bluetooth] 画面で目的の機器の画面を開いて [このデバイスの登録を解除] をタップします

●Androidスマホのペアリング解除

▲ [Bluetooth] 画面で目的の機器の画面を表示し、[削除] をタップします

iPhoneでBluetooth機器とのペアリングを解除するには、[設定] 画面で [Bluetooth] をタップし、[自分のデバイス] で目的のBluetooth機器の右にある [i] のアイコンをタップして、表示される画面で [このデバイスの登録を解除] をタップします。Androidスマホの場合は、[設定] 画面で [接続設定] をタップし、[保存済みのデバイス] で目的のBluetooth機器の右にある歯車のアイコンをタップして、表示される画面で [削除] をタップします。

Q20 Bluetoothの接続が不安定になった

 Bluetoothが不安定になる原因として考えられるのは、スマホのアプリやOS、ファームウェアの更新と電波干渉です。

スマホでは、アプリやOS、ファームウェアを定期的に更新します。そのタイミングとBluetooth機器の使用が当たると、Bluetoothに悪影響を及ぼすことがあります。また、電子レンジや他のBluetooth機器による電波干渉によっても不安定になります。この場合は、一旦Bluetooth機器の電源を入れ直してみると良いでしょう。

◀ OSやアプリ、ファームウェアのアップデートのためBluetoothが不安定になることがあります

A ▶ Bluetoothテザリングは、Bluetoothの電波を介してインターネットに接続する機能です。Wi-Fiによるテザリングに比べて低速で小容量ですが、省電力での利用が可能なため、バッテリーが少ないときのメール確認やWebページ閲覧などに利用できます。

> スマホをルーターとしてタブレットを
> Bluetoothでインターネットに接続します

Bluetoothテザリングを設定するには、スマホとタブレットやパソコンをBluetoothでペアリングし、テザリングによるインターネット接続の共有を有効にします。iPhoneでは、目的の機器とペアリングし、[設定]→[インターネット共有]をタップすると表示される画面で、[ほかの人の接続を許可]をオンにします。Androidスマホの場合は、目的の機器とペアリングし、[設定]画面で[ネットワークとインターネット]→[アクセスポイントとテザリング]をタップして[Bluetoothテザリング]をオンにします。

▲iPhoneでは、[インターネット共有]画面で[ほかの人の接続を許可]を有効にします

▲Androidスマホでは、[アクセスポイントとテザリング]画面で[Bluetoothテザリング]を有効にします

用語索引

■著者紹介

吉岡　豊（よしおか ゆたか）

プロフェッショナル・テクニカルライター。
長年にわたりパソコン書の執筆を担当し、最近は
ＩＴ関連書でも活躍しており、多くの読者から支
持されている人気ライターである。特に、Excel、
Word、PowerPoint などのOfficeアプリに関し
ては造詣が深く、これまでに数多くの著書を出版
している。また、ビジネスマン向けのIT系Webサ
イトでの寄稿実績もあり、記事のクオリティが高
く評価されている。これまでに合わせて100冊
以上の著書を発刊している。

■デザイン

金子　中

はじめての
Wi-Fi & Bluetoothの使い方

発行日	2024年 7月25日	第1版第1刷

著 者　吉岡　豊

発行者　斉藤　和邦
発行所　株式会社　秀和システム
　　　　〒135-0016
　　　　東京都江東区東陽2-4-2　新宮ビル2F
　　　　Tel 03-6264-3105 (販売) Fax 03-6264-3094
印刷所　株式会社シナノ　　　　　　　Printed in Japan

ISBN978-4-7980-7288-3 C3055